KB244058

통합
과학

불변의 핵심

통합과학

대입 대비 포인트 물·화·생·지

불변의 핵심

남궁원 지음

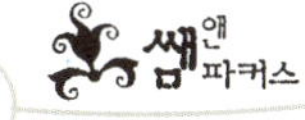
쌤앤파커스

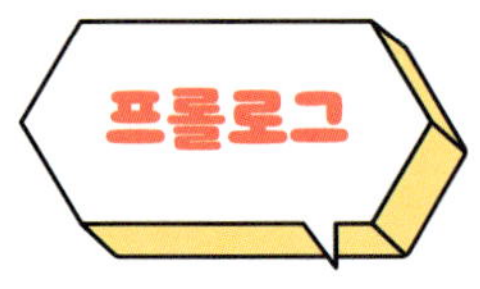

낯설다와 어렵다를 동일시하지 마세요

어릴 때 가장 좋아했던 만화 영화는 〈로보트 태권브이〉였어요. 태권도를 5년여 배웠고, 국기원 공인 3품이었던 터라 나름 태권도 유단자로서의 자부심이 있었거든요. 태권도 유단자인 주인공 훈이가 탑승한 뒤 태권브이의 중앙 부분으로 내려가 훈이의 뇌파에 태권브이가 반응하여 움직이는 방식이 얼마나 멋있던지. '내가 주인공 훈이라면 얼마나 좋을까, 나쁜 악당들을 다 무찌르고' 하는 상상도 했지만 로보트 태권브이 같은 최첨단 로봇을 만들어 내고 싶다는 생각을 더 많이 하게 되었죠. 유치하지만 그렇게 과학자의 꿈을 키워 나갔던 것 같아요. 그러다 경기과학고에 입학하게 되고, 이후 KAIST에 입학해서는 로봇 연구가 아니라 최고의 유전 공학자를 꿈꾸었어요. 물론 지금은 전혀 다른 삶을 살고 있지만요. 인생은 항상 마음먹은 대로만 흘러가는 긴 아닌가 봐요.

어린 나이에도 과학이 가장 인과 관계가 명확한 학문이라고 생각했었던 듯해요. 만화로 된 수십 권의 과학 전집을 읽고 있으면 시간이 금세 흐르곤 했어요. 지금도 강의 시 가장 강조하는 게 과학은 단계별 이해가 가장 중요하다는 거예요. A → B → C → D → E의 논리 전개 순서가 반드시 존재하거든요. 만약 중간 단계인 B, C, D를 생략하고, A → E라고 바로 전개한다면 과학은 단순한 암기가 되겠죠. 그러면 중간 과정은 이해 못하고 '이게 왜 이래?' 하며 흥미를 잃게 되는 거죠. 각 과정 간의 인과 관계를 명확하게 이해하는 것이 과학 공부의 시작이자 끝입니다. 물론 시험을 잘 치기 위해서는 꼭 필요한 내용은 선 이해 후 꼭 암기해야겠지만요.

학생들이 과학을 어려워하는 이유는 제가 볼 때는 딱 한 가지예요. 낯설기 때문이죠. 요즘 친구들은 '낯설다'라는 단어를 '어렵다'라는 단어와 동일시해요. 처음 보는 내용이면 무조건 '어렵다'라는 말이 먼저 나오는 거죠. 이해해 보려는 생각은 안 하고 말이죠. 물론 주변에 이를 제대로 이해시켜 줄 수 있는 사람도 많지 않은 게 현실이긴 합니다만.

과학에는 우리에게 낯선 개념들이 많이 등장할 수밖에 없어요. 과학 분야는 매우 광대한 데다 학년이 올라갈수록 점점 난이도가 높은 내용들이 등장하죠. 처음 보는 내용이라고 무조건 '어렵다'고 포기한다면 우리가 좋아하는 다양한 게임들도 마찬가지 아닐까요? 어떤 게임이든 새로 나오는 형식은 우리에게 모두 낯설 테니까요. 이 논리대로라면 그럼 게임도 어렵고 재미없어야 하잖아요? 하지만 아무도 그렇게 생각을 안 한단 말이죠. 그렇다면 과학과 게임의 차이는 재미와 흥미에서 오는 걸 거예요. "쌤, 게임은 재미있잖아요? 과학은 어려워요."라는 말은 과학이라는 학문의 개념 간 연결 고리를 전혀 모른 채 단순히 암기하려고 해서 벌어지는 일입니다. 개념 간의 연결고리를 파악하고, 다양한 예시가 함께 한다면 과학도 재미있어질 수 있답니다.

물론 과학 공부라는 게 '재미있기'가 참 어렵다는 걸 저도 잘 압니다. 동시에 반드시 해야 한다는 것도 엄연한 현실입니다. 지금 고등학교 과정에서 통합과학은 1학년 때 4단위로, 일주일에 4시간 수업하고 1학기 중간, 기말, 2학기 중간, 기말 고사를 보면 내신 등급이 결정되고, 다시 3학년이 되면 수능 과목으로 공부해야 하는 대학 입시의 주요 과목입니다. 대학을 가지 않고 다른 꿈을 찾는다면 모르겠지만 대학에 가서 미래를 준비하고 싶다면 통합과학은 절대 포기할 수 없는 과목인 셈이죠.

이 책은 나의 대치동 과학 강사 경력 20년과 모든 노하우를 녹여 놓은 책이에요. 실제 고등학교 내신이자 수능 과목인 통합과학 교과와 관련된 내용을 저만의 독특한 관점으로 다양한 예시를 들어 연계해 놓았습니다. 통합과학에서 요구하는 개념을 먼저 설명하고 기본 이론과 확장된 실제 사항을 다루기 때문에 순서대로 차

근차근 이해해 나가는 것이 책을 재미있게 읽는 방법이자 제대로 공부하는 방법이지 않을까 싶습니다. 입시 전에 봐야 할 과학 필독서이자 학습과 교양을 동시에 충족시킬 수 있는 유일한 책이 되지 않을까 하는 기대도 해 봅니다.

출판사 담당자 분들과 미팅 후 1년이 훌쩍 지났습니다. 처음 미팅이 끝난 후 어떻게 책을 구성하고 써야 할지 막막했었는데 여러분들과 모두 힘을 모으다 보니 출간이라는 목표에 도달할 수 있었던 것 같아요. 실제 책 출간을 준비하다 보니 세세한 부분까지 많은 분들의 손길이 필요하다는 걸 알게 됐습니다. 책 출간에 힘써 주신 박숙정 대표님을 비롯한 모든 관계자 분들, 특히 사실 확인, 그림 하나까지 꼼꼼하게 체크하고 내용의 완성도를 높여 주신 김영애님께 진심으로 감사의 말씀을 드립니다.

2025년 여름 남궁원

✦ 차례

물리

운동을 잘하고 싶다면 이것만 기억해!

스포츠는 과학이다!

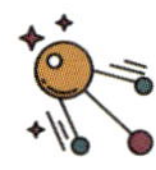

개념 **어떻게 하면 더 빨리 더 멀리 더 힘차게 움직일 수 있을까**

기본 **작아도 효과가 크려면 뭐가 더해져야 할까**

확장 **물리를 알고 보면 더 재미있는 스포츠**

화학

정직하게 세상을 지키는 물질세계
연필심으로 운동복을 만든다고?

개념 화학의 대명사 주기율표를 외우자

기본 원자는 서로 만나 쌍을 이룬다

확장 화학 결합이 만들어 내는 다양한 물질들

운동을 잘하고 싶다면 이것만 기억해!

　상상력이 가장 풍부해질 때는 언제일까요? 내 생각에는 '허점'을 발견할 때가 아닌가 싶습니다. 차를 타고 가는데 계속 빨간 신호에 걸린다고 해봅시다. 똑같은 시간에 똑같은 길을 가고 있고, 교통신호가 하루아침에 바뀌진 않았을 텐데 왜 어제는 파란 불에 계속 통과해서 기분이 좋고, 오늘은 자꾸만 빨간 불에 걸려서 시간을 잡아먹는 걸까, 뭐가 문제일까? 내가 조금 늦게 나섰나? 나에게 허점이 있는지, 아니면 앞에서 교통사고가 있었고 그 처리를 한 뒤에 신호가 바뀐 건 아닌지 생각해 보게 되지요. '만약에'를 가동하여 온갖 상상을 다하게 됩니다.

　예측을 벗어나고 이해가 안 되고 허점을 발견하면 우리는 그 너머를 계속 찾고 싶어 합니다. 이것이 과학의 출발점 아닐까요? 예측과 이해는 대체로 규칙 범위 안에 있을 때 가능합니다. 우리가 살고 있는 이 지구와 지구가 속해 있는 우주는 규칙을 갖고 움직입니다. 움직임이 없으면 계절의 변화나 생명체의 탄생 소멸이 있을 수가 없지요. 그러면 어떤 규칙이 있는지 연구하는 학문이 크게는 과학이고 더 좁히면 물리학, 화학, 생명과학, 지구과학 등등이지요.

앞서 누군가 규칙을 하나 발견하면 그 뒤에 그것을 검증하고 이의를 제기하고 다시 연구하면서 수백 년이 흘렀습니다. 그래서 죽은 지 수백 년이 지나도 끊임없이 불려 나오는 인물이 바로 아인슈타인이나 뉴턴 같은 이들입니다.

그중에서도 뉴턴은 우리가 살고 있는 이 세계가 움직이는 원리를 최초로 규명한 사람입니다. 잘 알다시피 관성의 법칙, 힘과 가속도의 법칙, 작용 반작용의 법칙 같은 운동 법칙을 세웠습니다. 한마디로 우리가 살아가는 시스템, 돌아가는 역학 원리를 발견한 것이지요.

과학을 잘하고 싶다면 '힘을 줘야' 합니다. 힘이 돌아가는 원리를 알면, 과학 공부뿐만 아니라 운동도 잘하는 만능캐가 될 수 있어요. 즉 뉴턴이 규명한 역학 시스템을 이해하면 물리학의 기초를 다 이해한 것이나 다름없고, 그 기초는 내가 어디에 힘을 줘야 야구나 축구를 잘할 수 있는지도 알게 해 줍니다.

그런데 이 규칙에는 허점이 없을까요? 만약 그런 궁금증이 생긴다면 과학 공부 자질이 충분합니다. 여기서는 뉴턴이 제시한 운동 법칙을 중심으로 스포츠에도 적용되는 힘의 원리를 알아보겠습니다.

익힐 개념!
☆ 속력과 속도
☆ 가속도
☆ 힘
☆ 운동량
☆ 충격량
☆ 작용과 반작용

어떻게 하면 더 빨리 더 멀리 더 힘차게 움직일 수 있을까

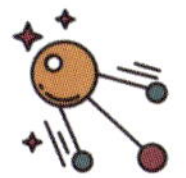

속력과 속도

비슷하지만 다른 개념, 속력과 속도

도로에는 과속을 방지하기 위해 속도 표지판이 곳곳에 세워져 있습니다. 특히 어린이보호구역이나 학교 앞에는 동그란 표지판에 30이라고 크게 적어둡니다.

표지판에 30이라는 숫자가 적혀 있다면 제한 속도가 30km/h라는 의미입니다. 즉 이 구역에서는 어떤 차량도 시간당 30km를 이동하는 빠르기를 넘어서는 안 된다는 경고 의미가 담겨 있는 거죠. 이렇게 일상생활에서 우리는 '속도'라는 개념을 자주 접합니다. 그런데 비슷한 개념에는 '속력'이라는 용어도 있습니다.

속력과 속도는 둘 다 빠르기를 나타내는 개념인데 뭔가 약간 다른 것 같으면서도 뭔지 잘 모르겠지요? 보통 실생활에서는 속력과 속도를 크게 구분하지 않고 사용합니다. 얼핏 보기에 둘 다 물체의 빠르기를 나타낸다는 점에서는 동일하지만 실제로는 엄연히 구분되는 다른 개념입니다.

그렇다면 속력과 속도의 차이는 무엇이며, 그 정의는 또 어떻게 다를까요? 일반적으로 속력은 물체의 빠르기를 나타낼 때 사용하고, 속도는 물체의 운동 상태를 나타낼 때 사용합니다. 즉 속력은 단순한 크기인 빠르기만을 고려하는 개념이라면, 속도는 이동한 방향까지 고려하는 개념입니다.

또 물리량의 특성으로 보자면 속력은 스칼라에 속하고 속도는 벡터에 속합니다. **물리량의 크기만을 고려하는 것을 스칼라, 크기뿐만 아니라 방향까지 고려하는 것을 벡터로 정의**하고 있어요. 예를 들어 시간, 부피, 질량, 온도, 속력, 이동 거리, 에너지 등은 스칼라에 속하고, 변위, 속도, 가속도, 힘, 운동량, 충격량 등은 벡터에 속합니다.

대전에서 100km/h의 빠르기로 서울과 부산 방향으로 각각 차를 몰고 출발하는 상황을 가정해 봅시다. 3시간 후 두 자동차의 위치는 완전히 정반대에 있습니다. 하나는 서울에, 다른 하나는 부산에 도착해 있을 테지요. 만약 이런 상황이라면 빠르기만으로 운동을 정확히 정의할 수 없습니다. 대전을 출발할 때 서울 방향으로 100km/h, 부산 방향으로 100km/h로 운동하는 것은 전혀 다른 결과를 가져오기 때문입니다. 그래서 빠르기 뿐 아니라 방향까지 고려한 속도라는 개념이 필요한 것입니다.

속도는 크기와 방향을 동시에 표현해야 하기에 벡터의 한 예가 됩니다. 방향성을 나타내는 벡터는 흔히 아래와 같이 화살표로 시각화됩니다.

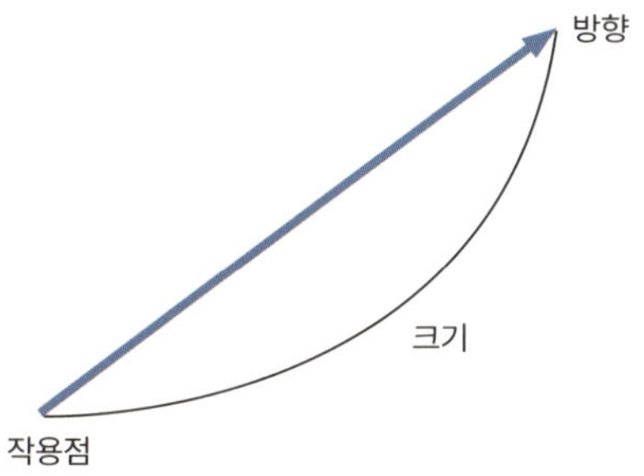

한편 스칼라는 크기만으로 정의되기에 수직선상의 한 점으로 표현될 수 있습니다. 한여름 폭염을 피하기 위해 에어컨을 가동시켜 실내온도가 25℃가 되었다고 합시다. 이때 온도는 따로 방향성이 존재하지 않습니다. 위 방향으로 25℃, 왼쪽 방향으로 25℃ 이런 식의 방향성이 없는 거죠. 따라서 크기만 있는 온도는 스칼라의 한 예가 됩니다.

이제 벡터와 스칼라라는 용어의 차이가 이해되나요? 그리고 이를 이용해 속력과 속도라는 용어를 정의할 수 있습니다. **속력은 단위 시간 동안 이동한 거리로 물체의 빠르기를 나타내는 스칼라량이고, 속도는 단위 시간 동안의 변위로 물체의 빠르기를 나타내는 벡터량입니다.**

$$\text{속력(m/s)} = \frac{\text{이동 거리(m)}}{\text{걸린 시간(s)}} \qquad \text{속도(m/s)} = \frac{\text{변위(m)}}{\text{걸린 시간(s)}}$$

그렇다면 이동 거리와 변위의 차이는 무엇일까요? 앞에서 이동 거리는 스칼라, 변위는 벡터에 속한다고 했습니다. 이 말은 이동 거리는 크기만 나타내는 물리량이지만 변위는 크기뿐 아니라 방향성까지 나타내야 하는 물리량이라는 뜻입니다. **이동 거리는 물체가 실제로 움직인 경로의 거리로, 방향을 고려하지 않습니다. 하지만 변위는 물체의 위치 변화량으로, 처음 위치에서 나중 위치까지의 직선거리와 방향으로 나타냅니다.** 아래 예시를 보면 이동 거리와 변위의 차이를 쉽게 이해할 수 있을 겁니다.

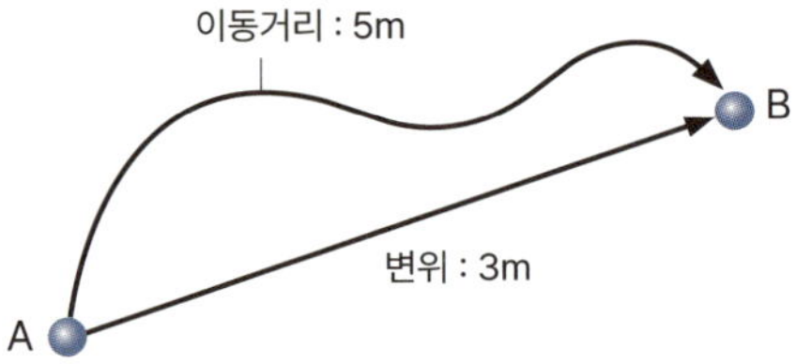

육상경기를 예로 들어보죠. 일반적으로 육상경기 운동장 트랙의 길이는 400m이고, 8개의 레인lane이 그려져 있습니다.

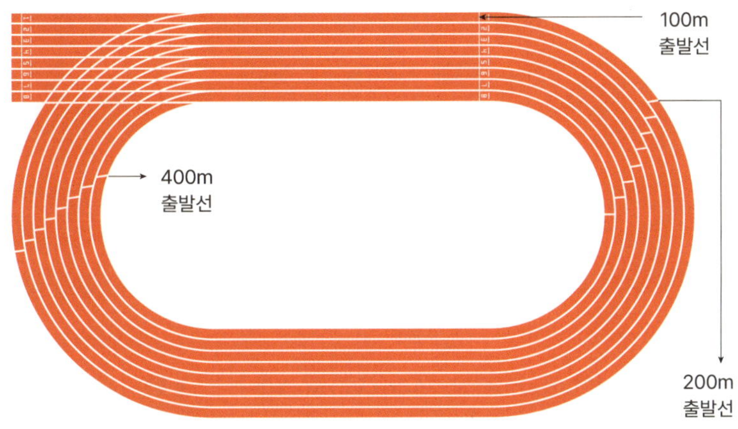

　육상 경기의 꽃이라 할 수 있는 100m 달리기는 직선 트랙을 달립니다. 하지만 200m와 400m 달리기는 곡선 트랙도 함께 달리게 됩니다. 200m면 트랙 반 바퀴, 400m면 트랙 한 바퀴를 돌게 되는 거죠. 그래서 400m 육상 경기에서 결승선을 1등으로 들어오는 선수는 트랙을 한 바퀴 돌아 출발점으로 다시 돌아옵니다. 이때 이동 거리는 400m이지만 이 선수의 변위는 0이 됩니다. 동일한 지점으로 돌아오면, 즉 출발점과 도착점이 같아지는 것이니 변위는 없는 것이지요.

　육상 남자 400m 세계기록은 2016 리우올림픽 남자 400m 결승전에서 웨이드 판니커르크(24·남아프리카공화국) 선수가 세운 43초 03이라고 합니다. 이 기록을 속도와 속력의 관점에서 분석한다면 아래에 보는 것처럼 차이가 발생합니다.

$$속력(m/s) = \frac{이동\ 거리(m)}{걸린\ 시간(s)} = \frac{400m}{43.03s} ≒ 9.24m/s$$

$$속도(m/s) = \frac{변위(m)}{걸린\ 시간(s)} = \frac{0m}{43.03s} = 0m/s$$

속력 분석에서는 초당 약 9.24m를 달리는 능력이지만 속도 분석에서는 초당 0이 나옵니다. 웨이드 판니커르크 선수 입장에서는 물리에서 사용하는 속도 개념을 좋아하지 않을 것 같네요.

가속도

변화하는 속도

앞서 단위 시간 동안의 변위가 속도라고 설명했습니다. 그런데 단위 시간 동안에 속도는 일정할 수도 있지만 계속 변화할 수도 있습니다. 이렇게 단위 시간 동안 속도의 변화가 발생할 경우 변화의 정도를 나타내는 개념이 바로 가속도입니다. 가속도를 한자로 표기하면 加速度입니다. 속도라는 단어의 앞에 加(더할 가)를 붙여놓은 단어인 거죠. 그렇다고 해서 가속도는 속도가 증가하는 경우에만 사용하지는 않습니다. 속도가 감소하는 경우에도 가속도라는 용어를 사용합니다. 즉, **가속도는 시간 당 속도 변화량으로**

정의할 수 있습니다.

$$가속도(a) = \frac{속도변화량}{걸린\ 시간} = \frac{나중속도-처음속도}{걸린\ 시간}(m/s^2)$$

가속도 운동의 대표적인 사례로는 낙하운동, 빗면을 굴러 내려오는 물체의 운동, 원운동, 진자운동 등이 있습니다.

공기 저항이 없는 진공 상태에서 물체를 자유 낙하시키면 물체는 초당 약 9.8m/s씩 속도가 증가합니다. 이때 물체의 가속도는 $9.8m/s^2$가 되는데, 지구에서 중력에 의해 운동하는 물체가 지니는 가속도이기에 중력 가속도라고 말합니다. 이는 지표 근처에서는 거의 고정된 값입니다.

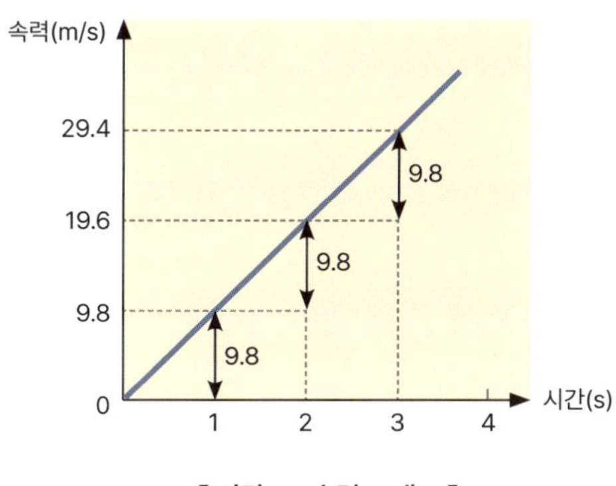

【 시간 Vs 속력 그래프 】

낙하하는 물체는 왜 계속 가속되는 걸까요? 운동방정식에 따르면, **물체가 가속을 계속하는 것은 힘을 받아서**입니다. 낙하운동의 경우 중력이라는 힘이 계속 작용하기에 물체가 계속 가속할 수밖에 없습니다. 이렇듯 물리에서 가속도와 힘은 떼려야 뗄 수 없는 밀접한 관련성을 가지고 있습니다. 그렇다면 힘이라는 개념은 또 무엇일까요?

힘

힘의 단위가 N인 까닭

물리에서는 **물체의 모양이나 운동 상태를 변화시키는 원인을 힘으로 정의**합니다. 운동 상태는 빠르기와 방향을 모두 의미하는데, 힘은 빠르기나 운동 방향 어느 하나를 변화시키거나 혹은 빠르기와 운동 방향을 모두 변화시키는 작용을 합니다. 친구가 가볍게 어깨를 툭 치는 것과 엄마에게 등짝 스매싱을 당하는 건 다르죠? 힘은 빠르기에도 영향을 미칠 수 있고 운동 방향에도 변화를 줄 수 있습니다.

힘은 크기와 방향을 모두 가진 물리량이기에 벡터량으로 표현됩니다. 힘이 운동 방향과 같은 방향으로 작용할 때에는 물체의 속력이 증가하고, 반대 방향으로 작용할 때에는 물체의 속력이 감소합니다. 그리고 등속 원운동처럼 힘이 운동 방향과 수직으로 작

용할 때에는 속력은 일정하고, 물체의 운동 방향만 변할 수도 있
습니다.

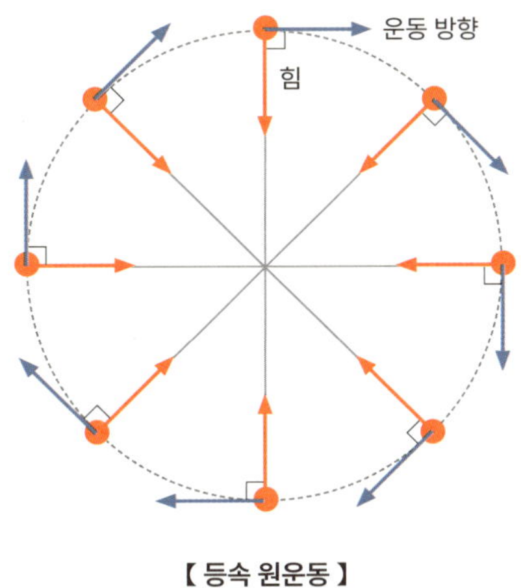

【 등속 원운동 】

　　과학을 공부하다 보면 곳곳에 그래프가 등장합니다. 혹시 그래
프를 분석하고 싶다면 더도 말고 덜도 달고 이 두 가지만 명심하
세요. **기울기는 $\dfrac{\text{세로축 변화량}}{\text{가로축 변화량}}$, 밑면적은 가로축×세로축**의 개념입
니다. 절대 잊어버리면 안 됩니다. 과학에서 모든 그래프 분석은
이 두 가지만으로도 충분하니까요. 그렇다면 힘과 가속도 사이에
는 어떤 관계가 있기에 떼려야 뗄 수 없는 개념이라고 하는 걸까
요? 지금부터 시간과 속도와의 그래프를 분석해 봅시다.

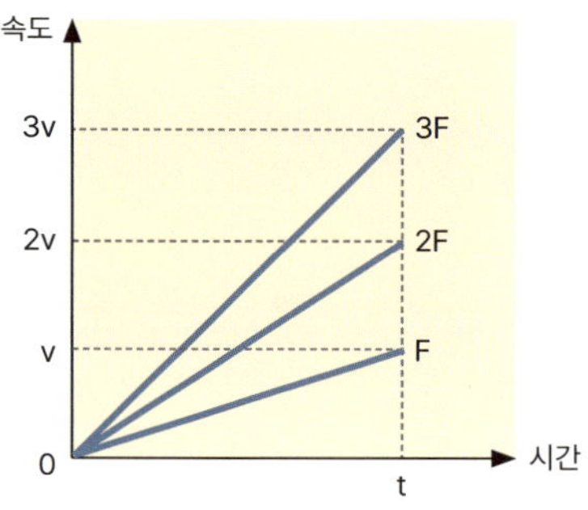

【 힘은 증가하고 질량은 일정할 때 가속도 】

위 그래프는 물체의 질량은 일정하게 하고 물체에 가해지는 힘을 증가시켰을 때 시간과 속도 사이의 관계를 나타낸 겁니다. 시간-속도 그래프의 기울기는 $\dfrac{\text{세로축 변화량}}{\text{가로축 변화량}} = \dfrac{\text{속도 변화량}}{\text{시간 변화량}}$, 즉 가속도의 개념이 됩니다. 그래프를 보면 힘을 2배, 3배…로 증가시켰을 때 시간-속도 그래프 기울기(가속도)도 2배, 3배…로 증가한 것을 알 수 있습니다. 이것이 의미하는 바는 물체의 질량이 일정하면 가속도는 힘에 비례한다는 것입니다. 가속도와 힘의 개념이 물리에서 밀접한 관련이 있음을 알 수 있죠.

예를 들어 같은 축구공을 살살 차면 천천히 굴러가지만 세게 차면 빨리 굴러갑니다. 축구공의 질량은 일정하지만 가해지는 힘의 크기가 차이가 나기 때문에 가속도도 그만큼 차이가 나는 것입니다.

그렇다면 물체의 가속도에 영향을 주는 요인은 힘밖에 없는 것일까요? '물체의 질량을 일정하게 하고'라는 문구를 눈여겨보세요. 혹시 "물체의 질량이 변한다면 어떻게 되는 건데?"라는 의구

심이 들지 않나요? 맞습니다. 물체의 질량도 가속도에 영향을 미칩니다.

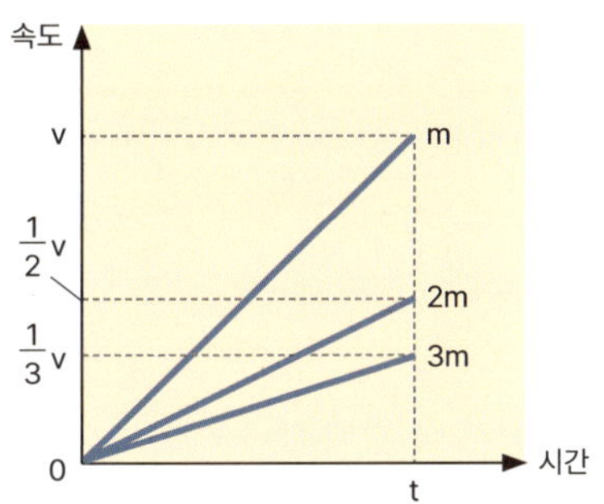

【 질량은 증가하고 힘은 일정할 때 가속도 】

위 그래프는 물체에 가해지는 힘을 일정하게 유지하고 질량을 증가시켰을 때 시간과 속도 사이의 관계를 나타낸 겁니다. 시간-속도 그래프이므로 기울기는 가속도의 개념이 됩니다. 그래프를 보면, 질량을 2배, 3배…로 증가시켰을 때 시간-속도 그래프의 기울기(가속도)는 $\frac{1}{2}$배, $\frac{1}{3}$배…로 감소하는 것을 알 수 있습니다. 이것이 의미하는 바는 물체에 가해지는 힘이 일정하면 가속도는 질량에 반비례한다는 것입니다.

예를 들어 당구공과 볼링공을 똑같은 힘으로 밀면 볼링공이 훨씬 느리게 굴러갑니다. 볼링공의 질량이 크기 때문에 그만큼 가속도가 감소하는 것입니다.

결론적으로 두 그래프에 대한 분석을 종합하면 다음과 같습니다. **"1초 동안 속도 변화량, 즉 가속도는 작용하는 힘에 비례하고, 물**

체의 질량에 반비례한다.” 우리는 이것을 뉴턴 운동 제2법칙 또는 힘과 가속도 법칙이라고 부릅니다. 다음은 기호로 표시한 뉴턴 운동 제2법칙의 공식입니다.

$$a(m/s^2) = \frac{F(N)}{m(kg)}, \ F = ma$$

이 공식에서 N이 뉴턴이라고 부르는 힘의 단위입니다. 예컨대 **1N은 1kg의 물체를 1m/s²의 가속도로 가속시키는 데에 필요한 힘**으로 정의할 수 있습니다. 예상하셨겠지만 뉴턴이란 명칭은 고전 역학에서 큰 업적을 세운 아이작 뉴턴을 기념하기 위해서 그의 이름을 따온 것입니다. 뉴턴 운동 제2법칙인 F=ma는 일반인에게 물리학의 대명사처럼 일컬어지는 너무나 유명한 공식입니다. “너 물리에 대해 아는 거 있어?”라고 누가 묻는다면 자신 있게 대답하세요. ‘F=ma’라고 말입니다.

운동량

운동의 정도를 나타내는 물리량

물리학에서는 시간에 따라 물체의 위치가 변하는 것을 운동이라고 합니다. 그리고 운동하는 물체의 운동 정도를 나타내는 물리량을 운동량이라고 합니다. 운동량은 크기와 방향을 모두 갖기 때문에 벡터량에 속합니다.

같은 힘이 운동 반대 방향으로 작용할 때 질량이 큰 물체는 질량이 작은 물체보다, 속도가 큰 물체는 속도가 작은 물체보다 멈추는 데 시간이 오래 걸립니다. 이것은 질량이 클수록, 속도가 빠를수록 운동의 세기가 크다는 것을 의미합니다. 무거운 트럭과 가벼운 경차가 같은 속도로 달리다 브레이크를 밟으면 완전히 정지하기까지 트럭이 경차보다 더 긴 거리가 필요하잖아요? 그리고 막 달리다가 멈추려면 금세 안 멈춰지지만 살금살금 걷다가 멈추라고 하면 금세 멈출 수 있죠? 이런 **운동량**을 수식화하면 **질량과 속도의 곱**으로 나타낼 수 있습니다.

$$운동량(P) = 질량(m) \times 속도(v) \ [단위 : kg \cdot m/s]$$

야구공이 빠르게 날아올수록 운동량이 커집니다.

운석은 속도가 빠르고 운동량이 매우 커서 지표면과 충돌하면서 큰 구덩이가 생깁니다.

앞에서 말한 것처럼 속도는 크기와 방향을 모두 갖는 벡터량, 질량은 크기만 갖는 스칼라량입니다. 그리고 운동량은 크기와 방향을 모두 갖는 벡터량입니다. 그럼, 여기서 운동량의 방향은 어떻게 정의할 수 있을까요? 맞습니다. **운동량의 방향**은 물체의 운동 방향, 즉 **속도의 방향**과 같게 됩니다.

충격량

운동량을 이해했다면 정해진 시간 안에 운동량의 변화를 나타내는 개념도 떠올릴 수 있습니다. 이 개념이 '충격량'입니다. 충격량은 물체가 받은 충격 정도를 나타내는 물리량으로 운동량과 마찬가지로 크기와 방향을 모두 갖는 벡터량입니다. 물체가 충돌할 때 물체에 작용하는 힘의 크기가 클수록, 힘이 작용한 시간이 길수록 물체가 받는 힘의 효과가 커지게 됩니다. 즉 큰 힘을 받을수록, 힘을 받는 시간이 길수록 충격량이 증가하게 됩니다.

SBS 예능 프로그램 〈런닝맨〉 본 적이 있나요? 〈런닝맨〉에서는 게임에 지면 다양한 벌칙을 수행하게 되는데 그 중 가장 공포스러운 벌칙 중 하나가 꾹관장이라고 불리는 김종국의 딱밤입니다. 딱밤을 사전에서 찾아보면 '엄지로 중지의 끝부분을 튕기거나 한 손으로 다른 손의 중지를 잡아당긴 뒤 놓아 그 탄력으로 이마 따위를 때리는 행위'로 정의되어 있습니다. 우람한 근육질 남자의 딱밤은 공포 그 자체죠. 그런데 가끔 꾹관장이 딱밤을 때린 후 아쉬워 몸부림칠 때가 있습니다. 빗맞는 바람에 상대방이 별로 안 아파할 때지요. 딱밤의 효과가 반감된 것입니다.

그렇다면 딱밤의 효과를 극대화하려면 어떻게 때려야 할까요? 첫째는 힘이 중요합니다. 초등학생이 딱밤을 때리는 것과 꾹관장이 딱밤을 때리는 것은 완전히 차원이 다를 것입니다. 당연히 힘이 장사인 꾹관장의 딱밤이 훨씬 효과가 클 테니 말이죠. 둘째는 딱밤을 가격하는 시간입니다. 중지로 상대의 이마를 때릴 때 정통으로 이마를 가격한 후 중지가 이마에 오래 맞닿아 있다면 힘의 작용 시간이 길어집니다. 하지만 빗맞으면 그 시간이 훨씬 짧아집니다. 이제 이해되지요? 빗맞은 딱밤이 그리 아프지 않은 이유를 말이죠.

이 사례처럼 물체가 충돌할 때 물체에 작용하는 힘의 크기가 클수록, 힘이 작용한 시간이 길수록 물체가 받는 힘의 효과가 커집니다. 따라서 충격량은 다음과 같이 정의됩니다.

$$\text{충격량}(I) = \text{힘}(F) \times \text{힘이 작용한 시간}(\Delta t) \quad [\text{단위}: N \cdot s]$$

충격량은 대개 알파벳 I로, 작용 시간은 영단어 time에서 비롯된

알파벳 t로 표현합니다.

여기서 힘은 크기와 방향을 모두 갖는 벡터량이고, 시간은 크기만 갖는 스칼라량이며, 충격량은 크기와 방향을 모두 갖는 벡터량입니다. 그렇다면 충격량의 방향은 어떻게 정의할 수 있을까요? 맞습니다. **충격량의 방향은 힘의 방향**과 같습니다.

이 개념을 토대로 시간과 힘 사이의 그래프를 그려 보면 다음과 같습니다.

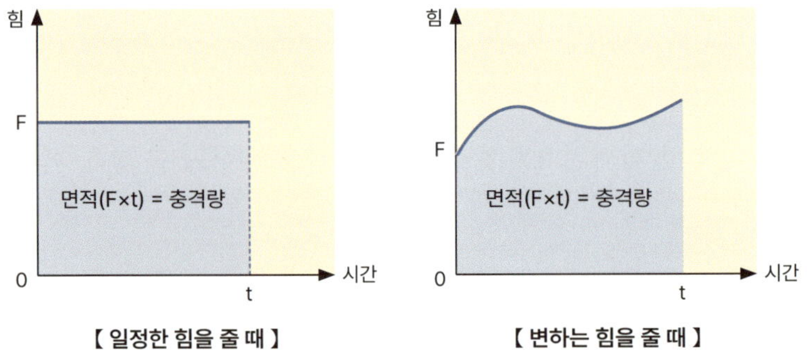

시간-힘 그래프에서 밑면적은 가로축×세로축=힘×시간의 개념으로 정의가 됩니다. 여기서 힘×시간의 개념이 곧 충격량입니다. 즉 **시간과 힘 사이의 그래프에서 밑면적이 충격량**이 되는 것입니다. 오른쪽의 그래프는 힘이 일정하지 않음을 나타냅니다. 이런 경우 충격량을 걸린 시간으로 나누면 물체에 가해진 평균 힘을 계산해 낼 수 있습니다.

$$\text{평균 힘}(\bar{F}) = \frac{\text{충격량}}{\text{작용 시간}}$$

작용과 반작용

모든 힘은 반드시 두 물체 사이에서 상호 작용합니다. 물체 A와 B가 상호 작용할 때, A가 B에 작용하는 힘(F_{AB})과 동시에 B가 A에 작용하는 힘(F_{BA})이 존재합니다. 이 때 F_{AB}를 작용이라고 하면 F_{BA}는 그에 대한 반작용으로 정의가 됩니다. **작용과 반작용은 언제나 크기가 같고, 방향은 반대**입니다. 이것을 뉴턴 운동 제3법칙 또는 작용 반작용의 법칙이라고 부릅니다.

다음 페이지 그림을 보세요. 지구에 존재하는 모든 물체는 지구 중심을 향한 방향으로 중력을 받게 됩니다. 즉, 포도가 지구로부터 받는 중력은 지구가 포도를 당기는 힘이 되는 것이죠. 그런데 모든 힘은 반드시 두 물체 사이에서 상호 작용하기 때문에 포도가 지구를 당기는 힘 또한 존재합니다. 지구가 포도를 당기는 힘이 작용이라면 포도가 지구를 당기는 힘은 반작용이 되는 것이죠. 이 두 힘은 크기가 같고, 방향은 반대입니다.

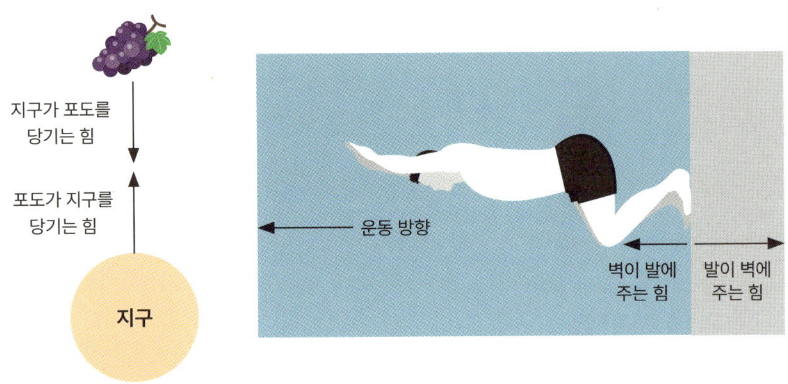

수영에서도 작용과 반작용의 원리를 찾아 볼 수 있습니다. 위의 오른쪽 그림은 플립턴이라는 동작을 표현한 것입니다. 지금은 모든 수영 선수들이 플립턴을 시도하고 있지만 과거에는 50m 지점에서 턴을 할 때 손으로 터치를 했다고 해요. 그런데 아돌프 키프Adolph Gustav Kiefer, 미국 수영선수, 1918년~2017년라는 배영 선수가 처음으로 50m 반환점에서 발로 벽을 터치하는 플립턴으로 기록을 단축하자 너도나도 플립턴을 시도하게 되었답니다. 아무래도 손보다는 발로 터치를 하면 더 강한 추진력을 얻을 수 있으니까요. 이처럼 플립턴을 할 때도 작용 반작용의 원리가 적용됩니다. 발로 벽을 밀면 벽 또한 발을 운동 방향으로 밀어 주어 수영 선수가 강한 추진력을 얻을 수 있게 되는 거죠.

이처럼 작용 반작용의 예는 우리 주변 곳곳에서 쉽게 찾아볼 수 있답니다. 로켓이 뒤쪽으로 가스를 분출하면서 앞으로 나아가는 것이나 사격선수가 총을 쏘고 나면 몸이 순간적으로 뒤로 밀리는 현상이 작용 반작용의 원리가 작용하기 때문입니다.

작아도 효과가 크려면 뭐가 더해져야 할까

운동량과 충격량

운동량과 충격량은 같은 듯 다른 사촌지간

물리학에서는 운동량과 충격량을 묶어서 설명하는 경우가 많습니다. 그만큼 두 개념은 매우 밀접한 관련이 있습니다.

충격량을 정의하면 다음과 같습니다.

$$\text{충격량}(I) = \text{힘}(F) \times \text{힘이 작용한 시간}(\Delta t)$$

그리고 이 공식은 다양하게 변형시킬 수 있습니다.

$$= 질량(m) \times 가속도(a) \times 힘이 \ 작용한 \ 시간(\Delta t)$$

$$(F = ma)$$

$$= 질량(m) \times 가속도(a) \times 힘이 \ 작용한 \ 시간(\Delta t)$$

$$\left(가속도 = \frac{속도 \ 변화량}{걸린 \ 시간}\right)$$

$$= 질량(m) \times \frac{속도 \ 변화량(\Delta v)}{작용한 \ 시간(\Delta t)} \times 힘이 \ 작용한 \ 시간(\Delta t)$$

$$= 질량(m) \times 속도 \ 변화량(\Delta v)$$

(변화량은 언제나 나중 값에서 처음 값을 뺀 값으로 구하므로)

$$= 질량(m) \times (나중 \ 속도 - 처음 \ 속도)$$

= 질량(m)×나중 속도 − 질량(m)×처음 속도 (P=mv이므로)

= 나중 운동량 − 처음 운동량

= 운동량 변화량(ΔP)

　충격량이 운동변화량과 같아지는 변형 과정이 이해가 되나요? 한마디로 충격량은 운동량 변화량으로 정의가 될 수 있습니다. 서로 사촌지간이나 마찬가지입니다.

　이 두 개념이 매우 가까운 관계임을 증명하는 공식이 또 하나 있습니다. 충격량(I)=힘(F)×힘이 작용한 시간(Δt)이므로 충격량의 단위는 [N·s]가 됩니다. 앞에서 힘(F)=질량(m)×a(가속도)라는 공식에서 **1N은 1kg의 물체를 1m/s²의 가속도로 가속시키는 데에 필요한 힘으로 정의했었죠. 그렇다면 충격량의 단위인 N·s=kg·m/s² ×s=kg·m/s로 변환**할 수 있습니다. kg·m/s라는 물리량의 단위를 앞에서 본 적이 있습니다. 바로 운동량의 단위입니다. 즉, 운동량과 충격량은 단위가 같은 물리량입니다. 충격을 받기 전과 충격을 받은 후 물체에는 모양이나 운동 상태의 변화가 생길 수밖에 없잖아요. 그래서 운동량, 충격량은 떼려야 뗄 수 없는 관계이지요.

충격량과 작용시간

물체가 서로 충돌할 때 작용 시간을 길게 한다면 두 가지 물리적 효과가 발생할 수 있습니다. 하나는 **힘이 일정하게 작용한다면 힘을 받는 시간이 길수록 충격량의 크기가 커지는 것**이고, 다른 하나는 **충격량이 같다면 힘을 받는 시간이 길수록 작용하는 힘의 크기가 작아진다는 것**입니다. 둘 다 충돌 시 작용 시간을 길게 하는 것은 동일하나 그 효과는 다르다는 것을 알 수 있죠.

앞에서 충격량(I) = 힘(F) × 힘이 작용한 시간(Δt)라고 설명했습니다. 만일 충돌 시 힘이 일정한 상황에서 힘이 작용한 시간(Δt)이 늘어난다면 충격량(I)은 증가하게 됩니다. 충격량(I) = 운동량 변화량(ΔP)이므로 운동량 변화량(ΔP)도 증가하게 됩니다.

이런 원리는 특히 스포츠 경기에서 많이 적용됩니다. 예를 들어 테니스 경기의 경우 라켓을 끝까지 휘두르는 것이 유리합니다. 테니스 라켓이 테니스공에 가하는 힘의 작용 시간이 늘어나 충격량도 증가하여 테니스공이 더 빠르게 날아갈 수 있기 때문입니다.

충돌 시 충격량이 일정한 상황에서 힘이 작용한 시간(Δt)이 늘어난 경우라면 또 어떤 상황이 벌어질까요? 충격량(I) = 힘(F) × 힘이 작용한 시간(Δt)에서 충돌 시 충격량이 일정한 상황에서, 힘이 작용한 시간(Δt)이 늘어난다면 힘(F)은 감소하게 됩니다. 즉 물체가 받는 힘이 줄어들 수 있다는 거죠.

자동차 충돌 사고에서 인명 피해를 줄여 주는 중요한 안전장치인 에어백의 예를 들어보겠습니다. 에어백은 1953년에 미국인 토목 기사 존 헤트릭이 특허를 따내며 세상에 처음 등장했습니다. 초기에는 자동차 후드 밑에 압축 공기를 두고 차량 여러 곳에 공기주머니를 설치해서 충돌로 관성 질량이 가해지면 주머니 안에 공기가 주입되는 방식이었죠. 지금은 에어백의 센서 및 전자 제어 장치가 자동차가 충돌할 때 충격력을 감지하여, 압축가스로 백Bag을 부풀려 승객에 대한 충격을 완화시켜 주도록 설계되어 있습니다.

에어백을 자동차에 안전장치로 설치할 수 있었던 데에는 물리학의 원리가 숨겨져 있습니다. 자동차가 충돌하는 상황이 발생했다고 가정해 보죠. 자동차가 충돌 시 정지할 때까지 탑승자가 받는 충격량은 일정합니다. 이것은 운동량의 변화량이 일정하기 때문입니다. 이런 충돌 상황에서 에어백이 없을 경우 탑승자는 바로 튕겨 나가면서 핸들이나 크래시 패드 혹은 유리창에 바로 부딪치게 됩니다. 탑승자가 바로 튕겨 나가 부딪치면 물체로부터 힘을 받는 작용 시간은 아주 짧아집니다. 충격량(I) = 힘(F) × 힘이 작용한 시간(Δt)의 수식에 따르면, 운동량의 변화가 일정한 상황에서 힘이 작용한 시간(Δt)이 매우 짧으면 힘(F)의 크기는 매우 커지게 됩니다. 이것은 탑승자에게 엄청난 충격이 가해진다는 의미입니다. 하지만 에어백이 작동해 탑승자가 에어백에 충돌하게 된다면 푹신한 에어백이 힘이 작용하는 시간(Δt)을 길게 해 줍니다. 그러면 탑승자가 받는 힘(F)이 크게 줄어들게 되어 충격도 크게 감소합니다. 즉, 에어백은 충돌 시간을 길게 만들어 충돌 시 받는 평균 힘의 크기를 줄여 줍니다.

계란을 떨어뜨렸을 때에도 마찬가지입니다. 계란을 바닥에 떨어뜨리면 바로 깨지지만 푹신한 방석 위에 떨어뜨리면 잘 깨지지 않는 것도 동일한 원리가 작용한 것입니다. 계란이 푹신한 방석에 파묻히면서 충돌 시간이 길어져 충격이 가해지는 힘이 크게 줄어든 것이죠.

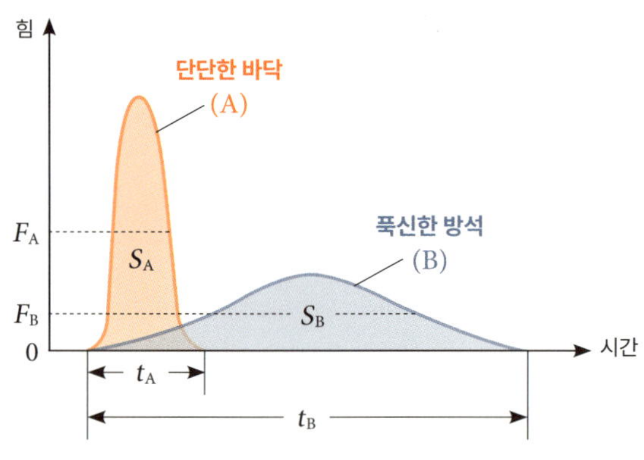

그래프 아랫부분의 넓이	$S_A = S_B$
운동량의 변화량(충격량)	$I_A = I_B$
힘을 받는 시간(충돌 시간)	$t_A < t_B$
평균 힘의 크기	$F_A > F_B$

운동량, 충격량, 작용과 반작용

이번에는 두 물체 A, B가 충돌할 때, 충돌 전후의 상황을 비교해 보겠습니다.

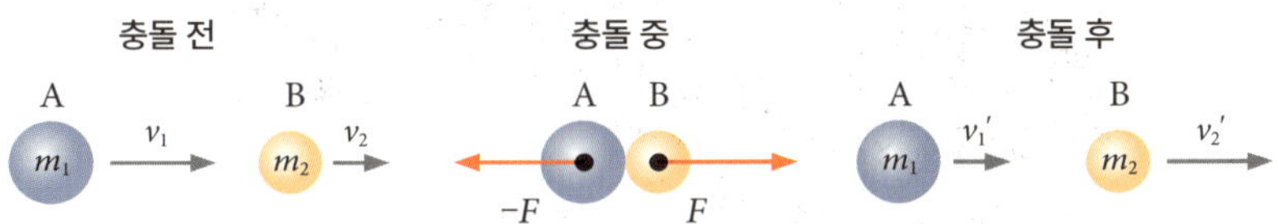

두 물체가 충돌 시 접촉해 있는 동안에는 위의 그림처럼 작용 반작용 법칙이 성립할 수밖에 없습니다. 따라서 A가 B를 미는 힘과 B가 A를 미는 힘은 서로 크기는 같고, 방향만 반대가 되는 거죠. 그런데 여기에서 A, B가 각각 힘을 받는 시간은 두 물체가 접촉해 있는 동안으로 서로 같습니다. 충격량(I) = 힘(F) × 힘이 작용한 시간(Δt) 수식에서 A와 B가 받는 **충격량의 크기는 같고, 방향만 반대**가 되는 겁니다. 충격량의 방향은 힘의 방향과 같으니까 말이죠. 그런데 앞에서 물체가 받은 충격량과 운동량 변화량은 같다고 증명했으므로 충돌하는 동안 두 물체 A, B의 **운동량 변화량도 크기는 같고 방향은 반대**가 됩니다.

이렇게 보면 물체가 충돌할 때는 물체에 작용하는 물리량들이 다 크기는 같고 방향만 반대인 것처럼 보입니다. 그렇다면 '충돌 시 입는 피해도 똑같은 거 아냐?'라고 오해할 소지가 있습니다. 하지만 여기에는 간과하고 있지만 중요한, 물리량이 있습니다. 그것은 질량과 속도 변화량입니다. 다음은 대형 트럭과 자동차가 충돌한 상황이 찍힌 사진입니다.

얼핏 봐도 자동차가 입은 피해가 대형 트럭에 비해 막대해 보입니다. 서로 충돌 시 주고받은 힘이나 충격량, 운동량 변화량까지 크기가 모두 같은데 왜 이런 차이가 생긴 걸까요?

이는 자동차의 질량이 대형 트럭에 비해 훨씬 작기 때문입니다. 운동량 변화량은 질량과 속도 변화량의 곱으로 표현됩니다. 운동량 변화량의 크기가 같기 때문에 질량이 작은 경차는 훨씬 큰 속도 변화량을 갖게 됩니다. 충돌 시 질량이 큰 대형 트럭은 속도 변화량의 크기가 작으니 대개 운동 방향은 유지하며 속력이 줄어들게 되는 정도지만 질량이 작은 자동차는 속도 변화량의 크기가 훨씬 커서 충돌 시 심하면 반대 방향으로 순식간에 튕겨나갈 정도로 큰 충격을 받게 됩니다. 그래서 트럭과 부딪힌 자동차가 실질적으로 입는 피해의 크기가 훨씬 크게 되는 겁니다.

자동차와 자전거가 충돌했을 때 자동차에 탄 사람은 멀쩡하고 자전거를 탄 사람만 크게 다치는 이유도 이런 원리 때문입니다.

기본적인 물리학 원리를 이해했다면, 이제부터는 이것이 실생활, 특히 스포츠에서 어떻게 작용하고 있는지 알아 보겠습니다.

물리를 알고 보면
더 재미있는 스포츠

홈런왕 이승엽의 장타 비결

개인적으로 삼성 라이온즈 국민타자 이승엽 선수의 열렬한 팬이었습니다. 슈퍼스타답게 언제나 결정적인 순간에 우리 국민들을 열광시켰죠. 2002년 삼성 라이온즈 최초의 한국 시리즈 우승에서 마해영 선수와 합작한 백투백 홈런은 삼성 라이온즈 팬이라면 영원히 잊을 수 없는 감격적인 순간이었습니다. 국민타자라는 칭호에 걸맞게 한일전에도 유독 강했습니다. 2000년 시드니 올림픽 동메달 결정전 마쓰자카 상대 8회 결승 2타점 2루타 작렬, 2006년 WBC 예선 도쿄돔 원정 한일전 8회말 역전 투런 홈런, 2008년 베이징 올림픽 준결승 한일전 8회말 결승 투런 홈런 등 대한민국을 대표하는 국민타자로 눈부신 활약을 펼쳤습니다.

이러한 이승엽 선수의 홈런에도 물리학의 원리가 숨어 있습니다. 전성기 시절 이승엽 선수는 상대 변화구에 속아 타격 폼이 완전히 무너진 상태에서도 곧잘 홈런을 때려내곤 했습니다. 그럴 때마다 해설자들은 '이승엽 선수가 아니면 절대 칠 수 없는, 완벽한 타격 기술과 타이밍이 만든 홈런'이라며 극찬을 하곤 했죠. 이런 상황들을 분석해 보면 이승엽 선수가 왜 '홈런 아티스트'로 불리는지 알 수 있습니다.

타격 폼이 무너진 경우는 대부분 힘이 뒷받침이 안 되기 때문에 공을 맞추더라도 비거리가 짧은 타구가 나오기 십상입니다. 하지만 이승엽 선수는 끝까지 가져가는 폴로 스윙follow swing 덕분에 말도 안 되는 홈런을 생산해 낼 수 있었습니다. 변화구 궤적에 중심이 무너져 상체가 앞으로 쏠린 상태에서도 임팩트 직후 왼손을 놓고 오른손이 끝까지 방망이를 앞으로 끌고 나가며 추진력을 극대화한 겁니다. 자세가 무너진 상황에서는 홈런을 치기가 어렵습니다. 하지만 이승엽 선수는 스윙을 끝까지 가져간 폴로 스윙에 덕분에 홈런을 칠 수 있었던 것입니다.

이런 홈런의 원리를 물리 법칙으로 살펴볼까요?

충격량(I) = 힘(F) × 힘이 작용한 시간(Δt) = 운동량 변화량(ΔP)

이 수식에서 힘이 일정할 경우 힘이 작용한 시간을 늘리면 충격량을 증가시킬 수 있습니다. 야구에서 폴로 스윙은 좌타자의 경우 임팩트 직후 왼손을 놓고 오른손이 끝까지 방망이를 앞으로 끌고 나가는 스윙입니다. 이런 스윙을 하면 힘이 작용하는 시간이 늘어나고, 그럼으로써 추진력을 극대화시킬 수 있습니다. 배팅 순간 힘을 더 증가시킬 수 없다면 힘이 작용하는 시간을 늘려 주는 폴로 스윙을 함으로써 충격량을 증가시킬 수 있는 것입니다.

충격량은 운동량의 변화량과 같습니다. 따라서 충격량을 증가시키면 야구공의 속도 변화량을 증가시켜 야구공을 더 빠른 속도로 더 멀리 보낼 수 있습니다. 물론 이 경우 배트에 맞은 야구공이 땅을 향하거나 날아가는 각도가 너무 작다면 홈런은 꿈도 꾸지 못하겠죠. 하지만 이승엽 선수는 폴로 스윙 때 배트를 약간 위로 들어 올리는 업스윙으로 각도까지 확보하여 극대화된 충격량을 홈런으로 연결시킬 수 있었습니다. 결론적으로 이승엽 선수는 이런 탁월한 기술을 가졌기에 타의추종을 불허하는 홈런타자로 우뚝 설 수 있었습니다.

물론 웨이트 트레이닝을 통해 팔의 근력을 증가시키는 것이 홈런을 생산하는 데 큰 도움이 되었을 겁니다. 하지만 파워 면에서 이승엽은 단연 최고의 선수는 아니었습니다. 당시에도 이승엽 선수보다 파워가 좋은 선수가 여럿 있었으니까요. 지금도 마찬가지일 겁니다. 하지만 이승엽 선수는 충격량을 극대화시키는 폴로 스윙처럼 자신만의 기술을 갈고닦아 남들보다 훨씬 더 많은 홈런을 기록할 수 있었습니다. 그래서 기술적인 면에서까지 완벽한, 나에게는 영원한 홈런왕, 삼성 라이온즈의 심장이라고 불렀던 사나이는 라이언킹 이승엽뿐입니다.

야구장에 안전펜스가 필요한 까닭

혹시 강동우 선수에 대해 들어본 적 있나요? 야구 이야기를 하나 더 하겠습니다. 나는 "내 몸에는 푸른 피가 흐른다."라고 말할 정도로 삼성 라이온즈의 열혈 팬이었습니다. 그런데 내가 사랑한 삼성 라이온즈에서 단연코 가장 아픈 손가락이 바로 강동우 선수입니다.

1998년 1차 지명으로 삼성 라이온즈에 지명된 강동우는 데뷔 첫해 123경기에서 타율 3할 10홈런 30타점 74득점 22도루로 맹활약했습니다. 당연히 삼성 라이온즈 팬들은 최고의 호타준족 톱타자의 등장으로 들썩였었죠. 사자 군단의 미래를 책임질 가장 용맹한 아기 사자였으니까요. 그만큼 데뷔 첫해에 그가 보여 준 임팩트는 대단했습니다. 하지만 그 기쁨도 잠시, 강동우 선수는 그 해 대구구장서 열린 LG 트윈스와의 플레이오프 2차전에서 수비 도중 펜스에 충돌하여 정강이뼈가 부러지는 큰 부상을 입습니다. 당시 대구구장 펜스에는 완충재도 없었다고 합니다. 불행히도 부상 상태는 매우 심각했습니다. 다행히 2년 만에 그라운드로 돌아온

이후 재활에 몰두한 강동우 선수는 2001년부터 2005년까지 매년 125경기 이상 출전했으며, 2002년과 2005년에는 삼성의 한국 시리즈 우승에도 기여합니다. 하지만 데뷔 첫해만큼 큰 임팩트를 또다시 보여 주지는 못했습니다. 강동우 선수 본인도 "내 이름에 걸맞게 잘 할 수 있는 계기가 있었는데 부상을 당한 게 선수 생활을 하면서 가장 아쉬웠던 부분이다."라고 말했을 정도였죠.

이미 눈치채셨겠지만 삼성 라이온스의 기대주였던 강동우 선수의 발목을 잡은 것은 다름 아닌 대구구장 펜스 문제였습니다. 야구팬들이 메이저리그 경기를 보다가 자주 목격하는 장면이 있습니다. 외야수가 외야 펜스에 부딪히면 파도가 출렁거리듯 펜스가 물결치는 장면이 그것입니다. 메이저리그 외야 펜스도 기본 구조는 한국과 크게 다르지 않지만 신축성을 더 중요시한다는 점에서 차이가 있습니다. 예전부터 미국의 외야 펜스 쿠션은 한국보다 훨씬 말랑말랑하고 신축성이 뛰어나서 선수가 부딪히면 자동차 에어백처럼 푹 안기도록 설계되어 있었습니다. 물론 지금은 우리나라 야구 경기장의 펜스도 안전 면에서 많이 개선되었다고 합니다만 강동우 선수가 부상을 입던 그 시절만 하더라도 펜스의 안전 설계는 아주 미흡했습니다.

그렇다면 신축성 있는 안전펜스가 어떻게 부상을 줄여줄 수 있는 걸까요? 충격량(I) = 힘(F) × 힘이 작용한 시간(Δt) = 운동량 변화량(ΔP)입니다. 만일 충격량이 일정하다면 힘이 작용한 시간이 늘어날수록 물체가 받는 힘은 감소하게 됩니다. 반면 힘이 작용한 시간이 줄어들수록 물체가 받는 힘은 증가하게 됩니다. 따라서 야구장 펜스에 충돌 시 신축성이 뛰어난 소재로 설계해서 힘의 작용시간을 크게 늘릴 수 있다면 선수가 받는 충격력을 크게 감소시킬수 있습니다.

스나이퍼는 왜 총신이 긴 총을 사용할까?

개인적으로 나는 첩보물 영화를 무척 좋아합니다. KAIST 시절 영어 회화 강의 수강 중 교수님께서 어떤 사람이 되고 싶냐고 물으셨을 때, "I wanna be 007, the secret agent."라고 답할 정도였으니까요. 특히 007과 미션 임파서블 시리즈는 단 한 편도 빼놓지 않고 다 챙겨본 것 같습니다. 이런 첩보물의 액션 영화에는 흔히 최고의 스나이퍼들이 등장합니다. 지령을 받은 스나이퍼는 요인 암살을 위해 건물 옥상 같은 곳에 자리를 잡고 총을 겨눕니다. 스나이퍼는 자신의 정체를 감춰야 하기에 총신을 몇 개로 분해하여 가방에 넣고 다니다가 저격 장소에서 총신을 결합합니다. 그리고는 암살 대상을 한 방에 저격한 후 재빠르게 총을 다시 분해해 가방에 숨기고 저격 장소를 유유히 빠져나갑니다.

그런데 권총으로 상대를 저격하는 스나이퍼를 본 적이 있나요? 영화 속 스나이퍼들은 거의 다 총신이 긴 총으로 상대를 저격하는 모습으로 등장합니다. 이것은 먼 거리에 위치한 대상을 저격하려

총신이 길면 힘이 작용하는 시간이 길어지고 충격량도 커집니다.

면 권총보다는 총신이 긴 총이 훨씬 적합하기 때문입니다. 여기에도 물리학의 원리가 숨겨져 있습니다.

충격량(I) = 힘(F) × 힘이 작용한 시간(Δt) = 운동량 변화량(ΔP)입니다. 이 수식에 따라 힘이 일정할 경우 힘이 작용한 시간을 늘리면 충격량을 증가시킬 수 있습니다. 총신이 짧은 권총과 총신이 긴 장총의 차이가 바로 여기에 있습니다. 격발되는 총알을 밀어내는 힘이 동일하다고 가정하면 총신이 긴 장총이 권총에 비해 힘이 작용하는 시간이 길게 됩니다. 또 힘이 작용하는 시간이 길어지면 총알이 받는 충격량도 더 증가하게 됩니다. 충격량은 운동량의 변화량과 같습니다. 따라서 충격량이 증가한다는 것은 발사되는 총알의 속도 변화량이 증가한다는 의미가 됩니다. 즉, 더 빠른 속도로 총알이 발사되는 것입니다. 당연히 총알을 더 빠른 속도로 발사시켜야 총알을 더 멀리 보낼 수 있습니다. 그래서 스나이퍼 입장에서는 총신이 짧은 권총보다 총신이 긴 장총이 상대방을 저격하기에 훨씬 더 유리한 것입니다. 이제 영화 속 스나이퍼가 왜 권총을 사용하지 않는지 이해가 되나요?

번지점프가 출렁거리는 이유

〈런닝맨〉은 제가 즐겨봤던 예능 프로그램 중 하나입니다. 2013년 2월 17일 방송된 런닝맨은 마카오와 베트남에서 숨 가쁘게 펼쳐지는 '금검 원정대' 특집편이었습니다. 레이스 장소인 마카오 타워에 도착한 멤버들은 공포의 3종 체험 스카이 점프, 스카이 워크, 마스트클라임을 통해 힌트를 얻어야 한다는 소식에 충격에 빠지게 됩니다. 여기서 송지효는 원래 마스트클라임에 도전하기로 했지만 "너무 졸립다. 차라리 번지점프를 하겠다."고 말합니다. 그러고는 번지점프대에 올라 단 한 번의 망설임도 없이 번지점프에 성공해 놀라움을 자아냅니다. '역시 에이스'라는 감탄사가 절로 나오게 만드는 멋진 번지점프였죠.

이러한 번지점프 과정에도 물리학 원리가 담겨 있습니다. 번지점프에서 줄이 풀려 줄이 팽팽해지는 최저점에 도달하면 줄은 탄성을 가지고 늘어나 더 아래 지점까지 내려간 후 위아래로 진동을 하게 됩니다. 카메라에 담기는 영상에서 "좀 멋이 없어 보이는데."라고 말할 만했던 장면이 이 부분입니다. 줄이 위아래로 진동하며

대롱대롱 매달려 있는 모습이 애처로워 보이기까지 하니까요. 그래서 줄이 늘어나지 않고 딱 멈추면 더 멋지지 않을까 하는 생각이 들 수도 있습니다. 하지만 이는 너무나 위험한 상상입니다.

충격량(I) = 힘(F) × 힘이 작용한 시간(Δt) = 운동량 변화량(ΔP)

이 수식에 따라 충격량이 일정하다면 힘이 작용한 시간이 늘어날수록 물체가 받는 힘은 감소하게 됩니다. 반면 힘이 작용한 시간이 줄어들수록 물체가 받는 힘은 증가하게 됩니다. 만일 번지점프에서 줄이 풀려 줄이 팽팽해지는 최저점에 도달했을 때 줄이 늘어나지 않는 소재로 되어 있다면 순간적으로 줄이 팽팽해지면서 사람에게 큰 충격을 줄 수 있습니다. 줄이 늘어나지 않는다면 순간적으로 자유 낙하에 가깝게 떨어진 사람이 최저점에서 멈추게 되는데, 이때 걸리는 힘의 작용 시간이 매우 짧을 수밖에 없기 때문입니다. 최저점에서의 떨어진 사람의 질량과 속도는 이미 정해져 있으니 이는 충격량(운동량 변화량)이 일정하다는 전제 조건을 갖게 됩니다. 이 때 힘의 작용 시간이 매우 짧다면 줄이 묶여져 있는 사람의 허리에 작용하는 힘이 엄청나게 증가하게 되고, 심하면 목숨까지 위험할 수 있습니다. 번지점프에서 사람에 묶여져 있는 줄이 튼튼하지만 탄성을 갖고 잘 늘어나는 소재인 까닭이 바로 여기에 있습니다.

탄성이 좋은 번지점프줄을 쓰지 않으면 너무 위험해요.

손흥민은 어떻게 강슛을 구사할 수 있는 걸까?

나는 축구도 무척 좋아합니다. 공을 가지고 경쟁하는 구기 종목은 웬만하면 다 좋아하는 거 같아요. 손흥민 선수의 빅팬으로서 프리미어 경기도 웬만하면 빼놓지 않고 보려고 하는 열혈 축구광이랍니다. 손흥민 선수하면 무엇보다 소위 손흥민존zone에서 날리는 예술적인 감아차기 슛이죠. 손흥민 선수는 스스로 슈팅 시점과 공간을 만들어 낼 뿐 아니라 강한 발목 힘을 토대로 강력한 슛을 날립니다.

그렇다면 손흥민 선수는 어떻게 골망을 출렁이게 만드는 강슛을 날릴 수 있는 걸까요? 축구공을 발등에 얹어 날리는 강슛에도 물리학의 원리가 작용합니다. 충격량(I) = 힘(F) × 힘이 작용한 시간(Δt)＝운동량 변화량(ΔP)입니다. 이 수식에 따라 힘이 일정할 경우 힘이 작용한 시간을 늘리면 충격량을 증가시킬 수 있습니다. 리바운드 되어 흘러나오는 공을 정확히 발등에 얹어 슛을 날리게 되면 기본적으로 공이 발등에 얹어져 있는 시간이 길어집니다. 그리고 힘의 작용 시간이 길어지면 축구공에 가해지는 충격량도 증가하게 됩니다. 즉, 충격량(운동량 변화량)이 증가해 공을 반대 방향으로 빠른 속도로 차낼 수 있게 되는 거죠. 이러한 원리로 골키퍼조차 피하게 만드는 강한 슈팅이 만들어지게 되는 겁니다. 스포츠는 곧 과학입니다. 이제 이 말이 실감나지 않나요?

발등에 공을 얹어 슛을 날리면 충격량이 커져
더 강하게 슛을 날릴 수 있습니다.

NBA 로고샷에 숨겨진 물리학의 원리

내가 중고등학교 다닐 때에는 친구들이 쉬는 시간이나 점심시간에 거의 축구만 했어요. 예나 지금이나 사내아이들에게 축구는 가장 인기 있는 스포츠 종목이죠. 그러던 어느 날 고등학교 기숙사에, 한 친구가 《슬램덩크》라는 만화책을 가지고 왔어요. 처음에는 '이게 뭐지?'라며 보기 시작했는데 그 만화는 정말 신세계, 그 자체였습니다. 제 닉네임이 '대치동 불꽃남자 NK'인 것도 제가 너무나 사랑함을 넘어 존경하는 캐릭터인 최고의 3점 슈터 '불꽃 남자 정대만' 때문이에요. 얼마나 《슬램덩크》를 좋아했던지 지금도 그 명대사들을 줄줄 되뇌곤 한답니다. "안선생님! 농구가 하고 싶어요.", "그래. 난 정대만. 포기를 모르는 남자지." 지금 글을 쓰고 있는 이 시점에도 저 대사를 생각하면 울컥 가슴이 뜨거워지게 만드는 마법, 이것이 바로 《슬램덩크》의 묘미가 아닐까 싶습니다. 《슬램덩크》에서 정대만의 깨끗한 슛폼과 슛을 던지고 난 후 그의 손모양을 카피하며 던지고 또 던졌던 슛들. 그렇게 농구에 입문을 하게 되면서 바스켓맨 NK로서의 삶이 시작되었죠. 아직도 그 시절을 떠올리면 가슴이 뜨거워진답니다.

KAIST 시절에는 따로 농구부가 없었습니다. '둘리'라는 농구 동아리만 있었죠. 그러다 보니 최고 시설을 갖춘 실내 코트가 24시간 내내 개방되어 있었어요. 기숙사 학교만의 특권이었죠. 시험 기간 밀린 공부를 하느라 도서관에서 빠져나오지 못하고 있다가도

새벽이 오고 공부를 좀 했는데 싶으면 도서관을 박차고 나와 친구들과 농구 코트로 향하곤 했어요. 그 시간에도 KAIST 농구 코트는 언제나 사람들로 인해 북적거렸답니다. 진정한 바스켓맨들의 세상이었죠. KAIST 넘버원 가드를 꿈꾸던 나의 대학 생활은 이렇게 학과 공부와 농구공과 함께 지나갔던 것 같습니다.

최근에는 어떤 친구가 인강 게시판에서 이런 질문을 한 적이 있습니다.

"선생님은 마이클 조던과 르브론 제임스 중 누가 위라고 생각하세요?"

끝이 안 나는 농구에서의 GOAT 논쟁을 던진 것입니다. 축구에는 범접 불가능인 메시라는 GOAT가 심지어 현존해 있지만 마이클 조던은 은퇴했으니 비교가 쉽지 않은 질문이었습니다. 그래서 나는 이렇게 답해 주었습니다.

"솔직히 농구 마니아로서 르브론의 빅팬이지만 개인적 생각은 조던을 능가하는 농구 선수는 영원히 불가능하지 않을까 싶어. 분명 다재다능함은 르브론이 위지. 저 하드웨어로 트리플 더블을 맘만 먹으면 밥먹듯이 해낼 수 있는 선수는 거의 없잖아? 하지만 집요한 스코어러로서의 능력과 클러치 타임을 지배하는 능력에서 조던은 거의 신적 존재야. 당대 최고의 수비수들이 아무리 시도해도 도저히 막을 수 없었던, 엄청난 투쟁심에서 나오는 클러치 타임에서의 말도 안 되는 수많은 하이라이트 필름들을 보면 믿기지 않을 정도거든. 그런데 농구 마니아로서의 쌤의 의견은 둘 중 누가

GOAT다 아니다 라는 것보다는 이 시대에 저런 위대한 선수들이 존재하고, 그런 경기를 우리가 실시간으로 볼 수 있는 시대에 살았다는 게 행복한 것이 아닐까?”

사실 NBA GOAT 논쟁은 언제나 논란의 여지가 있을 수 있습니다. 조던이냐 르브론이냐는 개인적 취향도 많이 고려될 테니까요. 다만 'NBA 역사상 최고의 슈터는 누구?'라는 질문에 답은 오직 단 하나입니다. 슬램덩크에는 정대만이 있듯 최고의 슈터는 단 한사람에게만 허락되는 칭호입니다. 바로 스테판 커리Wardell Stephen Curry II, 1988년~입니다. 스테판 커리는 NBA 경기에서 말도 안 되는 거리에서 종종 3점슛을 던지고, 또 이를 성공시키는 선수로도 너무나 유명합니다. 이렇게 먼 거리에서 던지는 3점슛을 경기장의 NBA의 로고를 밟고 던진다고 해서 로고샷, 혹은 먼 거리에서의 3점슛이라 해서 딥쓰리라고 부릅니다.

왜 이런 농구 이야기를 주절주절 늘어놓으며 로고샷까지 언급하고 있는지 눈치채셨나요? 당연히 농구의 로고샷에도 물리학의 원리가 숨겨져 있기 때문입니다.

$$충격량(I) = 힘(F) \times 힘이 작용한 시간(\Delta t) = 운동량 변화량(\Delta P)$$

이 수식에 따라 힘이 일정할 경우 힘이 작용한 시간을 늘리면 충격량을 증가시킬 수 있습니다. 로고샷은 워낙 먼 거리에서 던지기 때문에 무거운 농구공의 비거리를 확보하는 것이 여간 힘든 일이 아닙니다. 그래서 점프해서 슛을 던지는 풀업점퍼보다는 중앙선을 살짝 넘어 수비수가 붙기 전에 갑자기 공을 잡아 던지는 경우가 많습니다. 이때 무릎을 많이 구부렸다가 활처럼 몸과 팔을 쭉 펼쳐 올라가면서 바로 슛을 던지는 세트점퍼 형태가 많이 나오게 됩니다. 팔의 근력이 동일하다고 가정하고 무릎을 많이 구부렸다가 활처럼 몸과 팔을 쭉 펼쳐 올라가면서 바로 슛을 던지게 되면 힘의 작용 시간이 늘어납니다. 그러면 충격량, 즉 운동량 변화량이 커져 더 빠른 속도로 공을 던질 수 있게 되는 겁니다. 공의 속도가 더 빠르고 궤적만 맞다면 날아가는 농구공이 더 먼 비거리를 가질 수 있게 되는 건 당연하겠죠. 로고샷 또한 과학입니다!

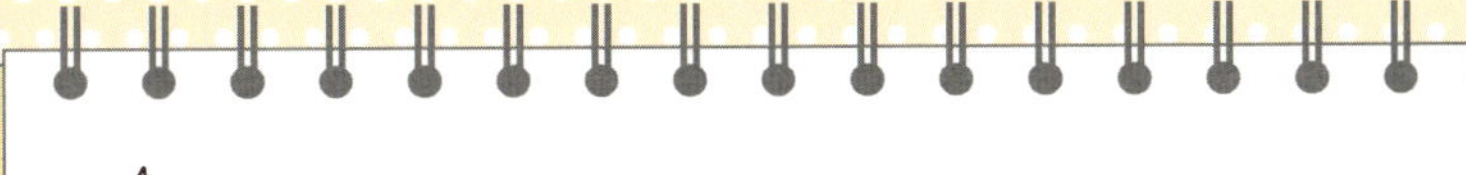

☑ 스칼라 Vs 벡터

① 스칼라 : 크기만 있고 방향이 없는 물리량

  ex) 시간, 부피, 질량, 온도, 속력, 에너지, 전위 등

② 벡터 : 크기와 방향이 있는 물리량, 즉 크기에 방향성을 함께 고려하여야 설명이 가능한 물리량

  ex) 변위, 속도, 가속도, 힘, 운동량, 충격량, 전기장, 자기장 등

☑ 이동 거리 Vs 변위

① 이동 거리 : 물체가 실제로 움직인 경로의 거리로, 방향을 고려하지 않는다.

② 변위 : 물체의 위치 변화량으로, 변위의 크기는 처음 위치에서 나중 위치까지의 직선 거리와 방향이다.

☑ 속력 Vs 속도

① 속력(m/s) = $\dfrac{\text{이동 거리(m)}}{\text{걸린 시간(s)}}$

② 속도(m/s) = $\dfrac{\text{변위(m)}}{\text{걸린 시간(s)}}$

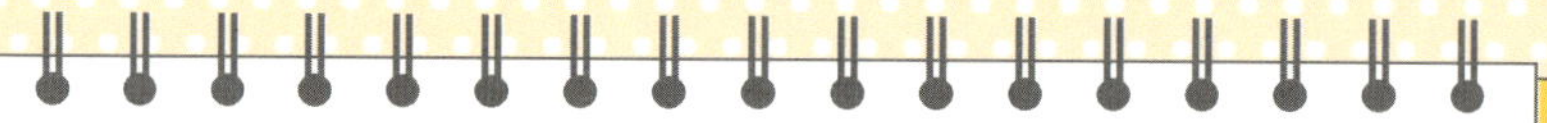

☑ 가속도

$$가속도 = \frac{속도\ 변화량}{걸린\ 시간} = \frac{나중\ 속도\ -\ 처음\ 속도}{걸린\ 시간}\ (m/s^2)$$

☑ 힘

물체의 모양이나 운동 상태를 변화시키는 원인, 단위는 N

☑ 힘과 가속도의 법칙(뉴턴 운동 제2법칙)

$$a(m/s^2) = \frac{F(N)}{m(kg)}\ ,\ F = ma$$

☑ 운동량 Vs 충격량

① 운동량(P) = 질량(m) × 속도(v) [단위 : kg·m/s]

② 충격량(I) = 힘(F) × 힘이 작용한 시간(Δt) [단위 : N·s]

③ 평균 힘(F) = $\dfrac{충격량}{작용\ 시간}$

④ 충격량(I) = 나중 운동량 – 처음 운동량 = 운동량 변화량(ΔP)

☑ 작용-반작용의 법칙(뉴턴 운동 제3법칙)

① 모든 작용에 대해 크기는 같고 방향은 반대인 반작용이 존재

② 서로 다른 두 물체에 항상 크기가 같고 방향이 반대인 힘이 쌍
   으로 작용

☑ 충격량과 시간과의 관계

① 작용하는 힘 일정 시 시간을 길게 할 때 : 충격량(운동량 변화량)

증가

   ex) 포신이 길수록 포탄이 더 멀리까지 날아간다.

   야구공을 칠 때, 폴로 스윙이 길어야 멀리 날아간다.

② 충격량= 운동량 변화량 일정 시 시간을 길게 할 때 : 충격력(평균 힘) 감소

   ex) 에어백, 에어 매트, 번지 점프에서 늘어나는 줄 등

☑ 충돌과 작용-반작용의 관계

① 충돌 시 서로 다른 두 물체에 작용하는 힘의 크기는 같고, 방향은 반대 (작용-반작용)

② 충돌 시 서로 다른 두 물체에 힘이 작용하는 시간은 동일

③ 충돌 시 서로 다른 두 물체에 작용하는 충격량=운동량 변화량의 크기는 같고, 방향은 반대

④ 충돌 시 질량이 큰 물체가 속도 변화량 작음

☑ 그래프 분석

① 기울기는 $\dfrac{\text{세로축 변화량}}{\text{가로축 변화량}}$

   ex) 시간-속도 그래프에서 기울기 $= \dfrac{\Delta(\text{속도})}{\Delta(\text{시간})} =$ 가속도

② 밑면적은 가로축×세로축

   ex) 시간-속도 그래프에서 밑면적=속도×시간 = 변위

   ex) 시간-힘 그래프에서 밑면적=힘×시간 = 충격량

정직하게 세상을 지키는 물질세계

연필심으로 운동복을 만든다고?

　약속을 안 지키고 싶은 사람은 거의 없죠. 피치 못할 사정이나 변심 때문에 약속을 어기기도 합니다. 하지만 제아무리 잘난 사람이라도 마음대로 약속을 허물 수 없는 세계가 있어요. 바로 물질의 세계입니다. 물질의 세계에 지켜지지 않는 약속은 없어요. 미처 발견하지 못한 규칙은 있겠지만요.

　여기에 인간이 개입할 수 있는 여지는 거의 없습니다. 정확한 법칙과 약속만이 물질을 움직이게 만듭니다. 어디 그뿐인가요. 움직일 때에도 다 이유가 있어요. 원자핵을 둘러싼 첫 번째 전자껍질 공간에는 전자가 2개만 놀 수 있는데 만약에 3개의 전자가 있다면 어떻게 되겠어요? 이유 없이 첫 번째 전자껍질에 남아 있을 수 없어요. 이 나머지 1개는 두 번째 전자껍질에 채워져야 할 8개 중에 하나가 되죠. 두 번째 전자껍질은 전자 8개가 되어야 안정적이 되거든요. 두 번째 전자껍질은 8개가 되기 위해 얼른 첫 번째 전자껍질에서 튕겨져 나온 애를 받아줍니다. 남고 모자라는 사이에 서로 주거니 받거니 하면서 화학적 결합을 이룹니다. 그래서 우리도 다른 사람과 만나 시너지 효과를 내면 케미가 좋다, 즉 화학적 반응이 좋다는 말을 쓰죠.

　게다가 현재 우리 삶은 화학에게 많은 것을 의지하고 있습니다. 편리함을 더해 주지만 환경을 생각하지 않을 수 없는 일회용품부터 그래핀 같은 신소재까지 무한 확장하고 있습니다. 사실 생물용품이나 물리용품이라는 말은 없어도 화학용품이라는 말은 있어요. 의약품부터 의복, 주거까지 우리 실생활과 매우 밀접해 있어서예요.

　화학이 매력적인 학문이 될 수 있는 것은 이런 규칙과 이유들을 배반하지 않으면서도 생활에 도움을 주기 때문일 겁니다. 어쩌면 하나를 주면 하나를 얻는 아주 단순한 규칙으로 우리 삶을 인도하고 있는 것 아닐까요? 매일 같은 공부지만 매일 해내는 규칙, 그 규칙을 지키면 그만큼 점수로 환원된다고 알려 주는 듯합니다.

　오랜 시간 학생들을 가르쳐 온 입장에서 한 가지 확실하게 말할 수 있어요. 울면서 들어가지만 웃으면서 나올 수 있을 몇 안 되는 과목 중에 하나가 화학입니다. 주기율표만 외우면 통합과학 I 에서 요구하는 수준에는 쉽게 도달할 수 있어요. 먼저 주기율표 외우기를 게을리 하지 마세요. 지금부터 주기율표와 함께 우리만의 케미를 만들어 봅시다.

익힐 개념!

☆ 원자의 구성과 주기율표의 역사

☆ 주기율표와 전자 배치

☆ 화학 결합

화학의 대명사 주기율표를 외우자

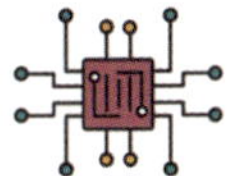

원자의 구성과 주기율표의 역사

아직도 주기율표는 채워지는 중

물질을 이루는 기본 입자를 '원자'라고 부르는 건 다 알지요? 원자들을 번호에 따라 나열해 놓은 표를 주기율표라고 부르는 것도 알 겁니다. 화학에 흥미를 가지거나 화학에 눈을 뜰 즈음에는 이 주기율표를 외우는 게 상당한 자부심을 심어줍니다. 친구에게 "너 주기율표 알아?"라고 묻곤 하죠. 맞습니다. 주기율표는 화학의 대명사나 마찬가지입니다. 주기율표만 확실히 이해하고 있어도 화학은 반은 먹고 들어간다고 해도 과언이 아닙니다. 그래서 화학 파트를 이해하기 위해 원자는 어떻게 구성되어 있는지, 주기율표는 원자를 어떤 규칙에 따라 나열해 놓은 것인지, 주기율표에서 얻을 수 있는 정보는 어떤 것들이 있는지부터 알아야 합니다.

헷갈리는 건 말이죠, 원소와 원자라는 단어입니다. 뭐가 다를까요? 화학적 관점에서 보면 두 단어는 엄연한 차이가 있습니다. 원자는 물질을 구성하는 기본 입자이고, 원소는 물질을 구성하는 성분의 종류를 뜻합니다.

원소는 물질을 이루는 기본 성분으로 더 이상 다른 물질로 분해되지 않는 성질을 갖습니다. 현재까지 알려진 원소의 종류는 약 118가지입니다. 원소들이 모여 다양한 물질을 생성하므로 원소의 종류는 매우 적습니다.

한편 원자는 입자 하나하나를 의미합니다. 쉽게 말해 원소는 종류를 의미하고, 원자는 하나하나의 개수를 의미합니다. H_2O(물)의 예를 들어 볼까요? H_2O는 H(수소)와 O(산소)라는 두 종류의 원소로 이루어진 분자이면서 동시에 H(수소) 원자 2개와 O(산소) 원자 1개로 이루어졌다고 말할 수 있는 거죠.

그렇다면 원자는 어떻게 구성되어 있을까요? 기본적으로 원자는 중심에 원자핵이 있고, 그 주변을 전자가 둘러싸고 있는 구조입니다. 원자핵은 양성자와 중성자로 구성되어 있으며, 양성자와 중성자는 또 쿼크로 이루어져 있습니다. 빅뱅 직후 생성된 우주에 존재하는 가장 작은 기본 입자로 알려진 것이 바로 쿼크와 전자입니다.

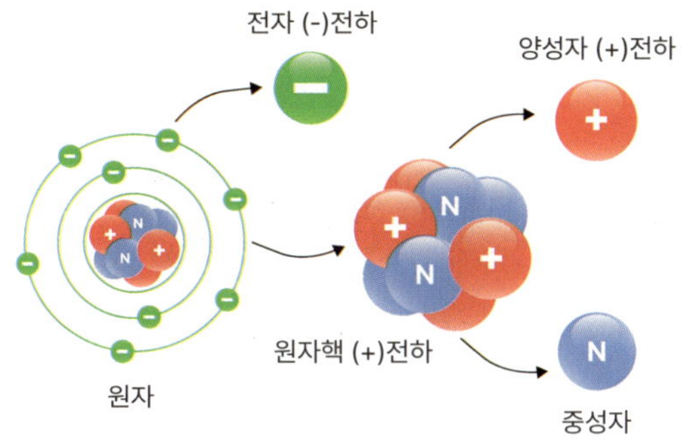

원자를 구성하는 양성자 수와 전자 수는 똑같습니다. 그래서 원자는 전기적으로 중성을 띠게 되는데, 이는 양성자와 전자의 전하량이 크기는 같고 부호만 반대이기 때문입니다. 양성자와 중성자의 질량은 서로 비슷한 반면 전자의 질량은 이들에 비해 무시할 수 있을 정도로 아주 작습니다. 그래서 양성자와 중성자로 구성된 원자핵의 질량이 원자 질량의 대부분을 차지하지만, 원자핵 크기는 원자 자체 크기에 비해 매우 작습니다.

이를 두고 일반화학의 대가인 레이먼드 창Raymond Chang, 1939년~2017년, 중국계 미국인 화학자은 '원자를 미국 메이저리그 뉴욕 양키스 구단의 경기장 전체라고 보면, 원자핵은 포수가 자리를 잡고 있는 홈플레이트' 정도 크기라고 했습니다. 물리학자인 말콤 롱에어Malcolm Sim Longair, 1941년~, 영국 물리학자도 원자 크기가 축구 경기장만 하다면 원자핵 크기는 축구공 크기에 불과하다고 재미있는 비유를 했습니다.

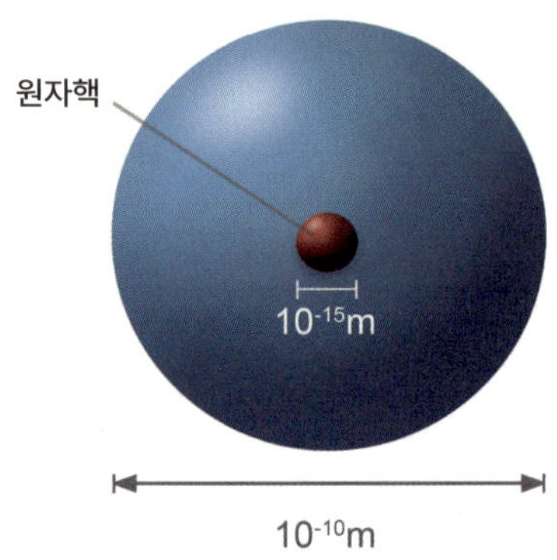

이 작은 원자핵이 원자 질량의 대부분을 차지하고 있으니 '전자는 대체 왜 필요한 거지?'라는 생각이 들 거예요. 하지만 전자 역시 원자핵 못지않게 매우 중요합니다. 왜냐하면 실제 반응을 주도하는 것이 전자이기 때문입니다.

일반적으로 원소는 금속과 비금속으로 분류합니다. 물론 금속과 비금속의 성질을 모두 갖고 있는 준금속이라는 카테고리도 있긴 합니다. 화학 반응이 발생할 경우 금속 원자는 전자를 잃어 양이온이 되고, 비금속 원자는 전자를 얻어 음이온이 되거나 전자를 다른 원자와 공유해 공유 결합을 합니다. 원자핵이 융합하거나 분열하는 핵반응도 존재하긴 하지만 거의 대부분 원자핵은 변하지 않고 전자의 이동이나 공유를 통해 일반적인 화학 반응이 일어납니다. 원자 구성 입자들의 성질을 표로 정리하면 다음과 같습니다.

	입자	전하량(C)	전하비	질량(g)	질량비
핵	양성자(p)	$+1.602×10^{-19}$	$+1$	$1.673×10^{-24}$	1836
	중성자(n)	0	0	$1.675×10^{-24}$	1839
전자(e)		$-1.602×10^{-19}$	-1	$9.109×10^{-28}$	1.000

【 원자를 구성하는 입자들의 성질 】

어떤 물질을 연구해서 화학 결합을 통해 새로운 물질을 만들어 내려면 물질의 성질을 파악할 수 있는 원소를 먼저 알아야 할 겁니다. 그래서 중세의 연금술사들은 자기만 알아보는 기호를 원소에 붙이기 시작했습니다. 이것을 존 돌턴John Dalton, 1766년~1844년이 원과 기호로 단순화했으며, 베르셀리우스Jöns Jakob Berzelius, 1779년~1848년는 이를 다시 라틴 문자화했습니다. 이것이 바로 오늘날 우리가 사용하는 원소 기호입니다.

원래 연금술은 철이나 납 같은 값싼 원소를 가지고 값비싼 금을 만들려고 한 욕망에서 출발했습니다. 그래서 연금술사들은 금을 만들기 위한 비법을 감추기 위해 천체 모양이나 모형을 이용한 그림으로 자신만이 아는 원소 기호를 만든 것입니다.

그 후 라부아지에Antoine-Laurent de Lavoisier, 1743년~1794년가 기하학적인 모양으로 원소 기호를 나타내었으며, 돌턴은 물질을 이루는 기본 입자를 원으로 표현하고 그 속에 문자나 그림을 넣은 원소 기호를 사용했습니다.

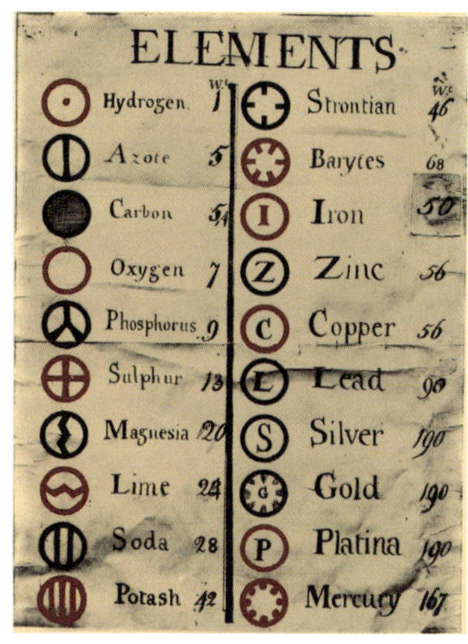

【 돌턴이 남긴 1808년도 원소를 표시한 기호 】

출처 : 위키미디어 퍼블릭 도메인

그러나 과학의 발달과 함께 더 많은 원소가 발견되면서 그림으로 원소를 표기하는 것이 점점 힘들어졌습니다. 이때 베르셀리우스가 돌턴의 원소 기호를 로마자를 이용한 원소 기호로 바꾸자고 제안했습니다. 현재 사용하고 있는 것이 바로 베르셀리우스의 원소 기호 표기 방식입니다.

원소 기호는 다음과 같은 규칙에 따릅니다. 먼저 원소 이름(주로 라틴어나 그리스어)의 첫 글자를 대문자로 나타내고, 첫 글자가 같을 때는 중간 글자를 택하여 첫 글자 다음 소문자로 나타냅니다. 일부 원소들은 세 글자의 기호로 표기하기도 합니다. 이런 원소 기호는 주기율표로 명료하게 정리되어 있어 화학 반응을 나타낼 때에 매우 편리하게 사용됩니다. 예를 들어 원자 번호 9번인 플루오린에는 F라는 기호를 사용했는데, 원자 번호 26번인 철 역시 라틴어 F가 첫 글자이기 때문에 중간 글자로 소문자 e를 택하여 철은 Fe로 표기하고 있습니다.

원소 기호를 표기하는 방식은 다음 그림과 같습니다. 왼쪽 아래에 Z라고 표현된 것은 원자 번호를 나타냅니다. 원자핵 속의 양성자 수는 원소마다 다른데, 그 양성자 수를 그 원소의 원자 번호로 정의합니다. 왼쪽 위에 A라고 표현된 것은 질량수를 나타냅니다.

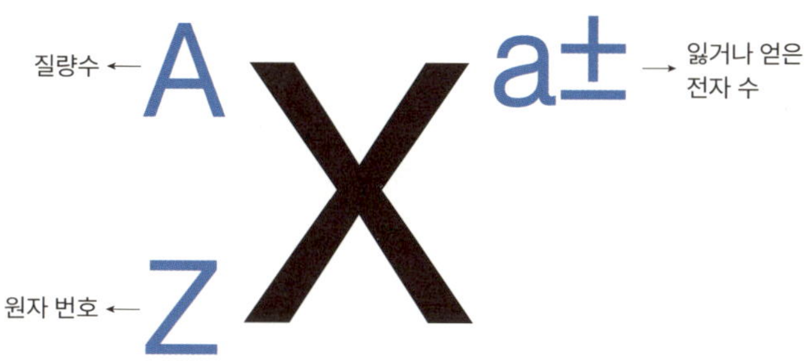

질량수의 경우 전자의 질량이 양성자나 중성자에 비해 1개당 크기가 터무니없이 작은 관계로 주로 양성자 수와 중성자 수의 합으로 정의합니다. 그리고 원소 기호 오른쪽 위에 a±라고 표현한 것은 잃거나 얻은 전자 수를 의미합니다. 예컨대 $^{16}_{8}O^{2-}$라는 기호가 있다면 원자 번호, 즉 양성자 수가 8이고, 질량수가 16이므로 중성자 수 또한 8인 산소 원자가 전자 2개를 얻어 음이온이 되어 음전하를 띤다는 의미입니다.

현대의 주기율표에서는 원자 번호 순으로 원소를 나열하고 **주기와 족이라는 개념을 활용하여 원소들을 정리**하고 있습니다. 물론 처음부터 주기율표가 이런 형태를 갖춘 것은 아니었습니다.

그 시발점은 물이 서로 다른 두 원소의 화합물이라는 사실을 밝혀내는 등 원소 연구로 근대 화학의 기초를 세운 라부아지에 Antoine-Laurent de Lavoisier, 1743년~1794년였습니다. 라부아지에는 당시까지 발견된 33종의 원소들을 그 성질에 따라 기체, 비금속, 금속, 화합물의 네 그룹으로 분류했는데, 그것이 주기율표의 시작이었습니다.

이후 독일 화학자 되베라이너Johann Wolfgang Döbereiner, 1780년~1849년
는 화학적 성질이 비슷한 세 원소의 원자량 사이에 일정한 규칙이
있음을 발견했습니다. 그리고 화학적 성질이 비슷한 3개의 원소가
쌍을 이루고 있으며, 가운데 원소의 질량이 나머지 원소의 평균 질
량과 비슷하다는 '세 쌍 원소설'을 주장했습니다. 예를 들어 화학적
성질이 비슷한 세 쌍 원소인 Li, Na, K에서 Li, K의 원자량이 각각 7,
39일 때 Na의 원자량은 $\frac{7+39}{2}=23$이라는 논리를 펼친 것이었습니
다. 이렇게 화학적 성질이 비슷한 세 쌍 원소를 발견한 것이 주기
율 발견의 중요한 연결고리가 되었습니다.

그다음 영국 화학자 뉴랜즈John Alexander Reina Newlands, 1837년~1898년
가 원소들을 원자량 순서대로 나열했을 때 피아노의 옥타브처럼
여덟 번째마다 성질이 비슷한 원소가 나타남을 발견하고 '옥타브
법칙'이라는 논문을 발표했습니다.

뉴랜즈의 원소표는 주족 원소들의 주기적 성질을 기반으로 작
성된 현대 주기율표의 시작과 같지만 당시까지 발견되지 않았던
원소들로 인해 맞지 않는 부분이 많았습니다. 그래서 많은 화학자
들은 그의 주장을 우연의 일치로 폄하했습니다. 이러한 혹평에 의
기소침해진 뉴랜즈는 더 이상 연구를 진행하지 않았습니다. 그러
다가 학계에서 멘델레예프 주기율표를 공식적으로 받아들인 이후
비로소 그 업적을 인정받을 수 있었습니다.

멘델레예프Дмитрий Иванович Менделеев, 1834년~1907년는 원소의 주기
성에 기초하여 주기율표를 처음으로 만든 러시아 화학자입니다.

당시까지 발견된 63종의 원소들을 원자량 순서대로 나열했을 때 화학적 성질이 비슷한 원소들이 일정한 간격으로 반복된다는 사실을 발견하고 화학적 성질이 비슷한 원소들이 같은 세로줄에 오도록 원소를 배열한 것이 그의 주기율표였습니다. 그런데 그의 주기율표에서 몇몇 원소들의 성질이 주기성을 벗어나는 문제점이 있었습니다. 어쩌면 당연한 일이었습니다. 당시만 하더라도 아직 발견되지 않은 원소들이 꽤 있었기 때문이죠. 그래서 그는 아직 발견되지 않은 원소의 자리는 비워두고, 그 자리에 들어갈 원소의 원자량, 밀도 등 여러 가지 성질을 예측하였는데, 이후 예측한 원소들과 성질이 일치하는 새로운 원소들이 발견되었습니다. 이렇게 예측이 가능할 정도로 정확했기에 멘델레예프는 최초로 주기율표를 고안한 과학자로 칭송받고 있습니다.

그다음 모즐리Henry Gwyn Jeffreys Moseley, 1887년~1915년, 영국 물리학자가 멘델레예프 주기율표를 개량하여 원자 번호순으로 배열하였는데, 이것이 현대적 주기율표의 원형이 되었습니다. 그는 양성자 수에 따라 원소마다 번호를 붙이고, 이를 원자 번호라고 이름 붙였습니

【 멘델레예프의 주기율표(1905) 】

출처 : 위키미디어 퍼블릭 도메인

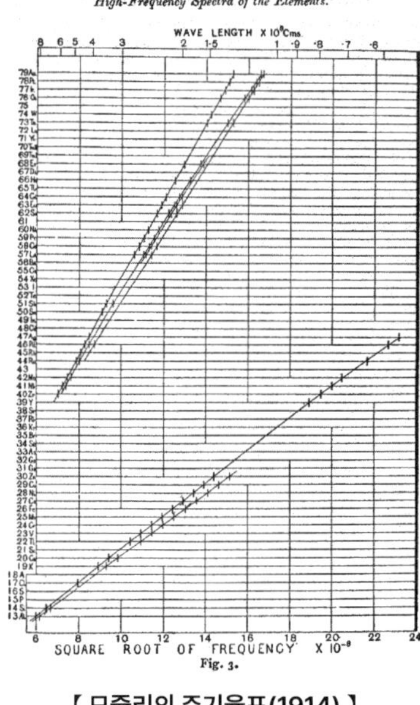

【 모즐리의 주기율표(1914) 】

출처 : 위키미디어 퍼블릭 도메인

다. 원소들의 주기적 성질이 원자량이 아니라 원자를 이루는 양성자 수, 즉 원자 번호와 밀접한 관계가 있음을 발견한 것이었습니다. 그 결과 오늘날 우리가 사용하는 주기율표는 원소를 원자 번호 순서대로 나열하고 성질이 비슷한 원소를 같은 세로줄에 오도록 배열한 형식을 취하고 있습니다.

모즐리는 촉망받는 젊은 과학자였는데 1차 세계대전에 참전하는 바람에 서른 살이 되기도 전에 전사하고 말았어요. 살아 있었다면 더 많은 업적을 남겼을 텐데 안타깝죠. 이후 후배 과학자들이 모즐리가 찾지 못한 원소들을 마저 찾아서 지금의 주기율표가 완성될 수 있었어요. 위대한 과학자들의 이러한 노력이 없었다면 시험 때마다 학생들이 외우느라 고생했던 주기율표는 세상에 등장하지 못했겠죠. '주기율표가 없으면 외울 것도 적을 텐데'라고 생각하면 안 됩니다. 화학의 가장 기본이 되는 원소들의 규칙과 성질을 이해하지 못한 채 지금도 그 이유를 찾느라 골머리 썩고 있을지도 모르니까요. 단언컨대, 주기율표는 화학의 기본, 그 자체입니다.

주기율표와 전자 배치

현대 주기율표는 모즐리가 원소를 원자 번호 순서대로 나열하고 성질이 비슷한 원소가 같은 세로줄에 오도록 배열한 표입니다. 여기서 주기율이라는 명칭이 붙은 까닭은 원소들을 원자 번호 순으로 나열할 때, 일정한 간격을 두고 화학적 성질이 비슷한 원소들이 주기적으로 반복해서 나타나기 때문입니다. 따라서 주기율표를 제대로 이해하면 원소들의 주기적 성질도 자연스럽게 이해할 수 있습니다.

주기율표를 유심히 살펴보면 금속과 비금속 원소의 위치를 어느 정도 구분할 수 있습니다. 금속과 비금속 원소의 경계에 위치하여 준금속으로 분류되는 원소들도 눈에 들어올 겁니다.

금속 원소는 주기율표에서 왼쪽과 가운데에 위치하고 있습니다. 액체인 수은을 제외하고 상온에서 고체로 존재하죠. 자유 전자의 존재로 인해 대부분 광택이 있고 열과 전기 전도성이 큽니다. 또한 금목걸이처럼 외부에서 힘을 가하면 부서지지 않고 길게 늘어나는 뽑힘성(연성)과 알루미늄 포일aluminum foil처럼 얇게 펴지는 펴짐성(전성)을 가지고 있습니다. 이온이 될 때에는 전자를 잃고 양이온이 되기 쉬운 성질도 있습니다.

비금속 원소는 1족에 위치한 수소만 제외하고 주기율표에서 오른쪽에 위치합니다. 상온에서 기체인 물질은 모두 비금속이며, 액

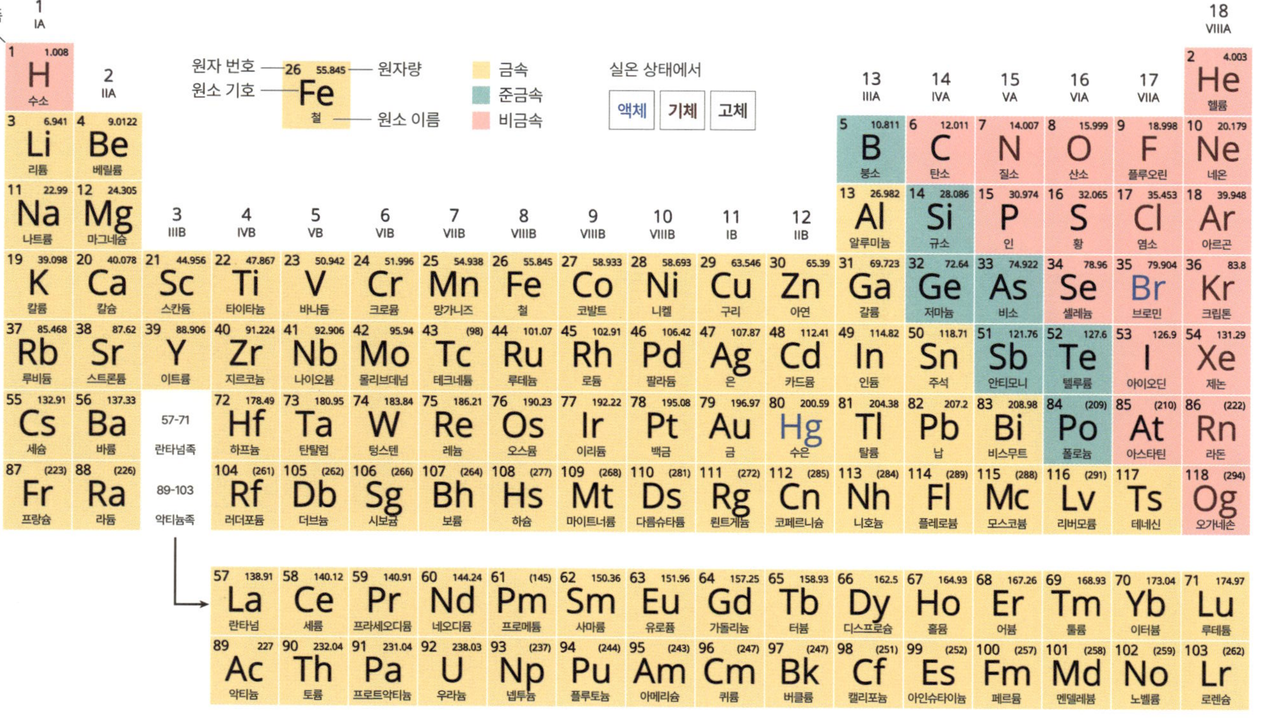
[현대 주기율표]

체인 브로민과 몇몇 고체 물질도 비금속에 포함됩니다. 자유 전자가 존재하지 않기 때문에 광택이 별로 없으며, 흑연 정도를 제외하고는 열 전도성과 전기 전도성도 좋지 않습니다. 흑연의 전기 전도성은 뒤편에 조금 상세하게 설명했습니다.(128쪽 참고) 비금속은 이온이 될 때 전자를 얻어 음이온이 되기 쉬운 성질이 있습니다.

준금속 원소는 금속 원소와 비금속 원소의 중간 성질이 있거나, 금속 원소와 비금속 원소의 성질을 모두 가지고 있는 원소로 금속 원소와 비금속 원소의 경계 상에 위치해 있습니다. 전기 전도성은 금속보다 작고 비금속보다 큰 특성을 가지고 있습니다. 이런 특성 때문에 주로 반도체로 활용되고 있습니다. B(붕소), Si(규소 또는 실리콘), Ge(저마늄), As(비소) 등과 같은 원소들이 준금속에 속합니다.

주기율표를 보면 주기와 족으로 구분하여 숫자가 찍혀 있는데, 이런 주기와 족의 개념이 주기율표를 이해하는 데 있어 아주 중요한 역할을 합니다. 주기period는 주기율표의 가로줄로 1~7주기가 있습니다. 같은 주기의 원소는 전자가 들어 있는 전자껍질의 수가 같으며, 원자 번호가 증가함에 따라 원소의 원자 반지름은 감소하고, 전자 수는 증가하여 원소의 물리적, 화학적 성질도 변화하게 됩니다.

족group은 주기율표의 세로줄로 1족~18족이 있습니다. 같은 족에 속하면 가장 바깥 전자껍질에 위치한 전자 수가 같아 비슷한 화학적 성질을 갖게 됩니다. 예를 들면 대형 기획사 소속 가수들이 비슷한 그림체를 가진다고 하죠. 이와 유사합니다. 어딘가 모르게 SM스럽고 JYP스럽다는 표현처럼 주기율표의 족도 그렇다고 이해하면 됩니다. 반응성에서 다소 차이가 있을 뿐, 같은 족에 속한 원소들은 화학적 성질이 거의 비슷하니까요.

그런데 주기율표에서 주기와 족의 개념을 이야기할 때 전자껍질Electron Shell과 원자가 전자Valence Electron라는 생소한 용어를 마주하게 됩니다. 전자껍질은 말 그대로예요. 전자가 돌고 있는 원자핵의 겉 궤도를 뜻합니다. 전자는 규칙을 가지고 운동을 한다고 했잖아요. 그 규칙이 적용되는 공간이 전자껍질이에요. '여기서만 뛰어 놀아야 돼'라고 한 거죠. 그리고 원자가 전자는 비슷하게 만들어주는 역할을 해요. 성질을 드러내는 거죠.

여러분들 공부할 때 마인드맵 자주 그리죠? 그처럼 과학자들도 원자를 이해하기 위해 계속 그리면서 연구했어요. 원자를 쉽게 이해하기 위해 원자 모형을 만든 거죠. 원자 모형은 원자의 존재를 인식한 이후부터 지금까지 계속 변해왔고 앞으로도 변할 거예요. 과학은 계속 발전하니까 미래는 뭐 따지지 말고 지금까지 등장한 것을 한번 살펴봅시다.

가장 먼저 돌턴은 단단하고 더 이상 쪼갤 수 없는 공 모양의 원자 모형을 제시합니다. 돌턴 모형이라고 하죠. 여기에 톰슨이 +전하를 띤 원자에 −전하를 띤 전자를 건포도처럼 박아 넣어요. 톰슨 모형이죠. 그다음은 흩어진 애들 가운데 +전하를 가진 원자핵이 중심에 위치하고 전자가 그 주위를 돌도록 만들었습니다. 이를 러더퍼드 모형이라고 불러요. 전자가 주위를 도는데 규칙을 가지고 돈다면 일정하게 운동하는 모형을 보여줘야겠지요? 그게 보어 모형입니다. 현대에 등장한 것은 전자가 원자핵 주위에 구름과 같은 모양으로 퍼져 있는 전자구름 모형인데, 오비탈 모형이라고 합니다. 이런 원자 모형의 변천사를 그림으로 표현하면 다음과 같습니다.

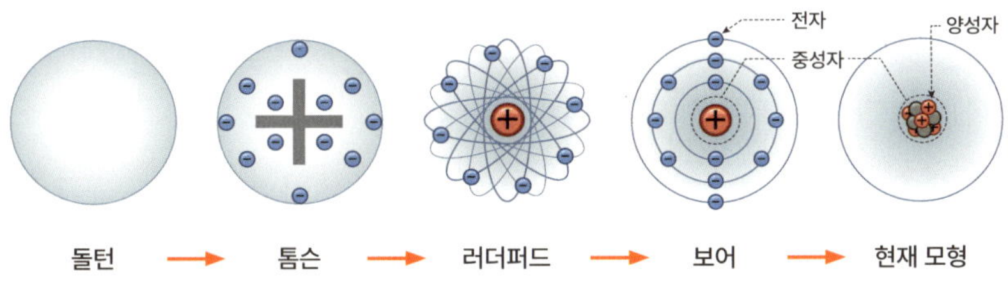

이 가운데 원자의 전자 배치 설명을 위해 여기서 사용하는 것은 1913년 보어Niels Henrik David Bohr, 1885년~1962년가 제안한 원자 모형입니다. 보어의 원자 모형은 원자핵에서 일정 거리 떨어져 있는 안정적인 원형의 궤도를 따라 전자가 돌고 있는 궤도 모형입니다.

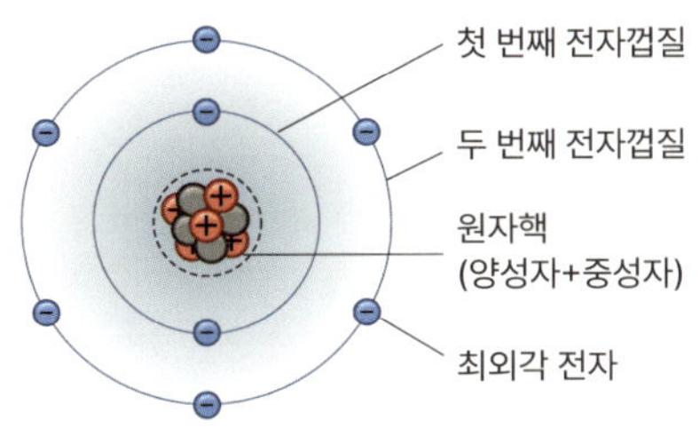

【 보어 원자 모형 】

특히 이 원자 모형에서는 에너지 준위라는 개념이 중요합니다. 에너지 준위는 원자핵 주위를 돌고 있는 전자가 갖는 특정한 에너지 값을 의미합니다. 그리고 **이 에너지 준위를 '전자가 채워지는 공간'이라는 뜻으로 전자껍질이라고 부릅니다.** 즉, 전자껍질은 보어의 원자 모형에서 전자가 원자핵 주위를 공전하는 궤도를 말합니다. 원자핵에서 가까운 전자껍질일수록 에너지 준위가 낮으며, 멀어질수록 에너지 준위가 커집니다. 그런데 보어의 원자 모형에서는 궤도와 각 운동량, 에너지 등이 불연속적인 값들만 허용되는데, 이렇게 물리량이 연속적인 값을 갖지 못하고 특정한 값만을 갖게 되는 것을 '양자화되어' 있다고 합니다.

수소 원자를 예로 들어 볼게요. 수소의 전자는 연속적인 에너지 값을 갖는 것이 허용되지 않습니다. 에너지가 연속이라는 것은 실수처럼 계속 이어져 끊어지지 않는다는 뜻이고, 불연속이라는 것은 자연수처럼 딱딱 끊어진다는 뜻이에요. 수소만 그런 게 아니라 미시 세계의 모든 물질들은 그 에너지가 불연속적으로 양자화되어 있습니다.

보어 원자 모형에서 말하는 전자껍질은 전자가 가질 수 있는 에너지 값을 형상화한 것입니다. 전자껍질은 저마다 고유의 에너지 준위가 존재합니다. 그리고 전자는 특정한 에너지 준위를 갖는 전자껍질에만 존재하며 전자껍질 사이에는 존재할 수 없습니다. 이를 테면 공을 계단에서 굴리면 공은 각 계단의 평평한 곳에만 머물 수 있고, 계단 사이에는 머물 수 없는 것과 같은 이치입니다.

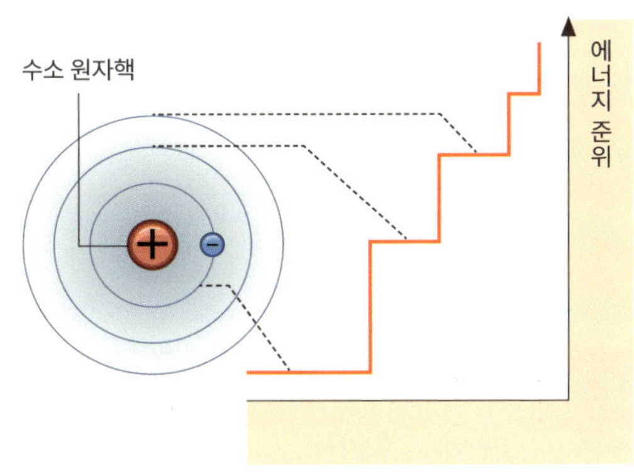

전자는 에너지 준위가 다른 전자껍질로 이동할 수 있는데 전자가 낮은 에너지 준위(원자핵에서 가까운 전자껍질)에서 높은 에너지 준위(원자핵에서 먼 전자껍질)로 이동할 때에는 그 차이만큼 에너지를 흡수하고, 높은 에너지 준위(원자핵에서 먼 전자껍질)에서 낮은 에너지 준위(원자핵에서 가까운 전자껍질)로 이동할 때에는 그 차이만큼의 에너지를 빛의 형태로 방출하게 됩니다.

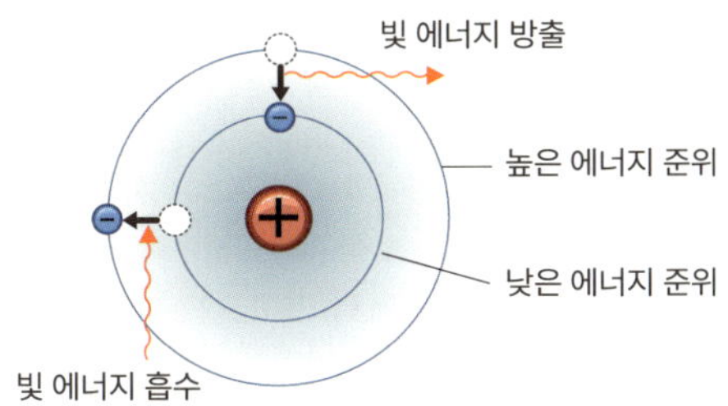

이때 빛의 형태로 나타나는 불연속 에너지의 차이를 선 스펙트럼으로 나타낼 수 있습니다. 가장 간단한 원소인 수소 원자의 선 스펙트럼은 아래와 같습니다.

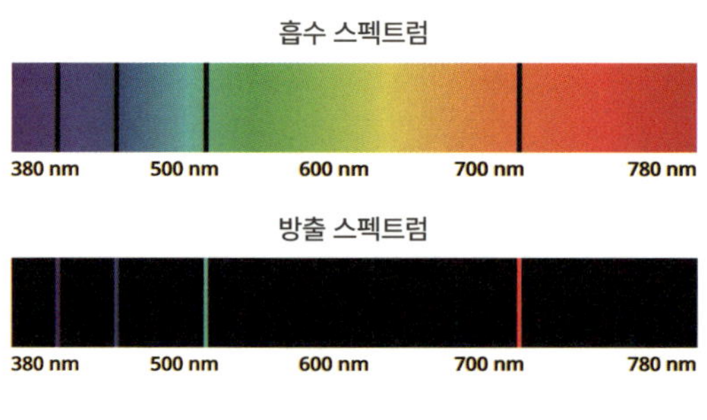

【 수소 원자 선 스펙트럼 】

보어의 원자 모형에서 전자의 배치는 원자핵에서 가까운 전자껍질부터 차례대로 채워지게 됩니다. 앞에서 원자핵에서 가까운 전자껍질일수록 에너지 준위가 낮다고 했습니다. 원자는 에너지 준위가 낮은 전자껍질에 전자가 채워질 때 더 안정하기 때문에 전자는 원자핵에서 가까운 전자껍질부터 차례대로 채워지게 됩니다. 이때 각 전자껍질에 채워지는 전자 수는 정해져 있습니다. 원자 번호 20번까지 전자는 첫 번째 전자껍질에 최대 2개, 두 번째와 세 번째 전자껍질에 각각 최대 8개가 채워진다고 보면 됩니다. 더 정확히 말하자면 세 번째 전자껍질에는 전자가 최대 18개까지 채워질 수 있습니다. 원자핵으로부터 차례대로 공간들이 생기고 원자핵에 먼 진자껍질일수록 전자가 더 많이 채워지는 원리지요.

여기에서 가장 중요한 것은 맨 바깥 전자껍질에서 운동하는 전자입니다. 앞에서 말한 '원자가 전자'는 원자에서 가장 바깥 전자껍질에 채워진 전자인데, 화학 반응에 직접 참여하므로 화학적 성질을 결정합니다. 사람도 여러 명이 모여 있을 때 가장 바깥에 서 있으면 비가 오든 바람이 불든 제일 먼저 알게 되잖아요? 누가 말 걸기도 쉽죠. 그것처럼 가장 바깥 전자껍질에 서 있는 '원자가 전자'는 자기 성질을 가지고 다른 전자를 만나서 화학반응을 일으킵니다. **따라서 일반적으로 원자가 전자와 최외각 전자껍질에 배치된 최외각 전자 수는 같다고 보면 됩니다.**

하지만 여기에 예외가 있는데, 이를 비활성 기체라고 부릅니다. 비활성 기체는 비금속이지만 반응성이 매우 낮고 안정한 18족에 속한 원소들입니다. 비활성 기체의 반응성이 거의 없는 까닭은 최외각 전자껍질에 전자가 가득 채워져 안정한 전자 배치를 하고 있기 때문입니다.

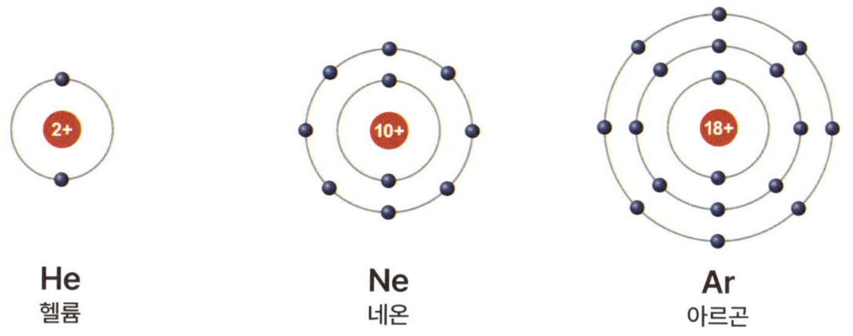

18족 원소는 반응성이 거의 없고 화학적으로 안정적이라 화학적 성질을 결정하는 원자가 전자를 0개로 봅니다. 즉 1, 2족,

13~17족은 족의 1의 자리 숫자와 최외각 전자 수가 원자가 전자 수와 같은데 18족의 경우, 헬륨(He)은 최외각 전자가 2개, 나머지는 최외각 전자는 8개이나 원자가 전자는 0개가 되는 겁니다.

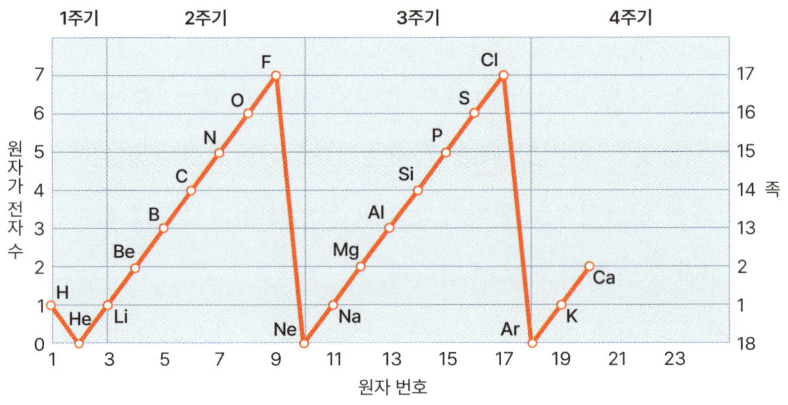

비활성 기체는 반응성이 거의 없기 때문에 다른 원소와 화학 결합을 형성하지 않고, 원자 상태로 존재합니다. 비활성 기체 중 헬륨은 광고용 기구의 충전 기체, 초저온 냉각제, 잠수통의 혼합 기체 등으로 이용되고, 네온은 우리가 흔히 아는 네온사인 즉, 광고판의 충전 기체로 이용되고 있습니다. 아르곤은 형광등의 충전 기체로 고온에서 금속을 용접할 때 금속과 산소의 반응을 막는 보호 기체로 이용됩니다.

다음은 주기율표 상에서 원자들의 안정한 전자 배치를 나타낸 것입니다.

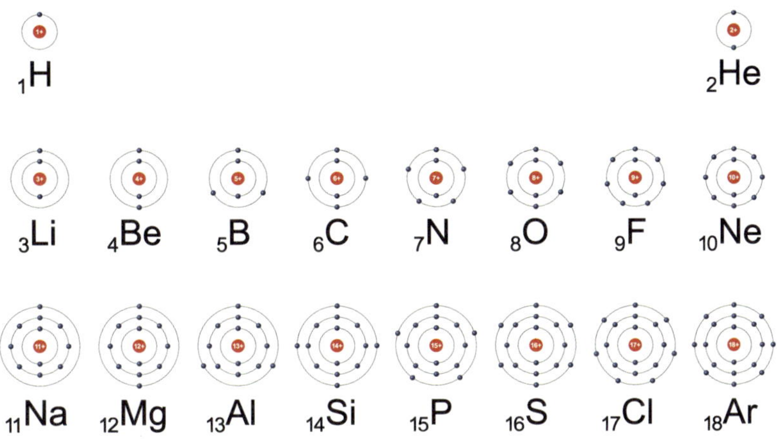

위 그림을 보면 중간의 3족~12족은 생략되고, **1족, 2족, 13~18족만 나타내고 있습니다. 이를 주족 원소 혹은 전형 원소라고 합니다.** 전자 배치 상에서 주족 원소만 나타낸 이유는 이들이 주기율을 잘 나타내는 전형적인 원소이기 때문입니다. 주족 원소들은 화학 반응이 일어나거나 이온화 될 때, 18족(비활성 기체)과 같은 전자 배치를 가지려는 성질이 있습니다. 이렇게 **전자를 잃거나 얻어서 최외각 껍질의 전자가 8개가 되려는 경향성을 우리는 '옥텟 규칙'이라고 부릅니다.** 원자의 최외각 전자껍질이 최대 8개의 전자를 가지려는 경향은 이 상태가 비활성 기체와 같은 안정한 전자 배치를 나타내기 때문입니다.

첫 번째 전자껍질에는 전자가 최대 2개까지만 채워질 수 있으니까 첫 번째 전자껍질은 전자 2개가 채워져 안정한 전자 배치를 이루게 됩니다. 즉, 1족의 경우에는 최외각 전자의 개수가 1개이므

로 이온이 되는 경우에는 전자 1개를 잃어서 18족과 같은 전자 배
치가 되고, 17족의 경우에는 최외각 전자의 개수가 7개이므로, 이
온이 되는 경우에는 전자 1개를 얻어서 18족과 같은 전자 배치가
되려는 경향성을 갖게 되는 것입니다. 이를 도식화 해보면 다음과
같습니다.

　　3~12족 원소의 경우 전이 원소라 하여 원자가 전자가 1개 또는
2개로 일정하기 때문에, 족에 관계없이 화학적 성질이 전부 비슷
하므로 주기율을 따질 때 크게 신경 안 써도 됩니다.

　　정리해 보자면 같은 주기 원소는 안정한 상태에서 전자가 들어
있는 전자껍질 수가 같고, 이 수가 주기 번호와 같게 됩니다. 그리
고 같은 족 원소는 원사가 전자 수가 같아 화학적 성질이 비슷합

니다. 다만 나머지 1족 금속 원소와 전혀 다른 성질을 갖는 비금속 원소인 수소 및 3~12족 전이 원소는 예외로 볼 수 있습니다. 결국 주기율표 상에서 원소의 주기성이 나타나는 까닭은 원자 번호가 증가함에 따라 원소의 화학적 성질을 결정하는 원자가 전자의 수가 주기적으로 변하기 때문입니다.

주기율표에 대해 어느 정도 이해가 되었나요? 다시 한 번 말하지만 주기율표만 확실히 이해해도 화학은 반은 이기고 시작하는 싸움이랍니다.

화학 결합

안정화를 향한 본능

원소들은 서로 다른 원소와 결합해 화합물을 형성하곤 합니다. 혼자 있어도 되는데 굳이 화학 결합을 시도하는 데에는 특별한 이유가 있지 않을까요? 그것은 원소들이 화학 결합을 통해 안정한 전자 배치를 이루고, 에너지가 더 낮은 안정한 상태가 되려는 경향이 있기 때문입니다.

금속 원소는 화학 반응 시 주로 전자를 잃고 비활성 기체와 같은 전자 배치를 합니다. 예를 들어 금속 원소인 나트륨의 경우 가장 바깥 전자껍질의 전자 1개를 잃고 양이온이 되어 비활성 기체인 네온과 같은 전자 배치를 이루어 안정해집니다.

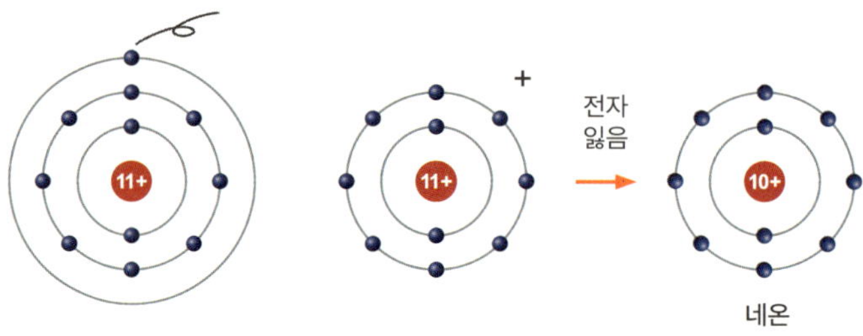

반대로 비금속 원소는 화학 반응 시 주로 전자를 얻거나, 다른 원자와 전자를 공유하여 비활성 기체와 같은 전자 배치를 합니다. 예를 들어 비금속 원소인 플루오린의 경우 가장 바깥 전자껍질에 전자 1개를 얻고 음이온이 되어 비활성 기체인 네온과 같은 전자 배치를 이루어 안정해집니다.

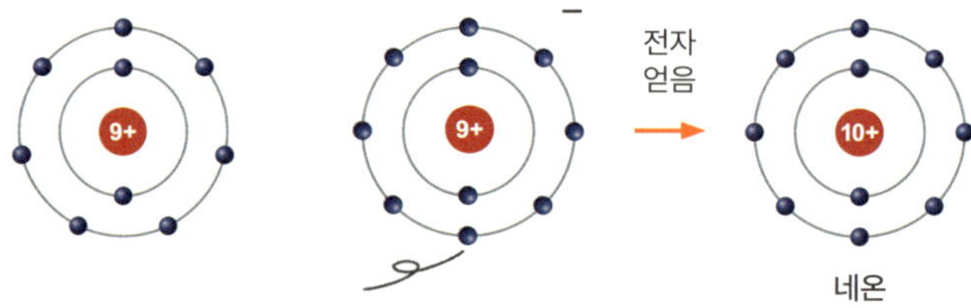

그리고 비금속 원소인 산소의 경우에는 가장 바깥 전자껍질에 전자 2개를 공유하고 산소 분자를 이루어 비활성 기체인 네온과 같은 전자 배치를 이루어 안정해집니다.

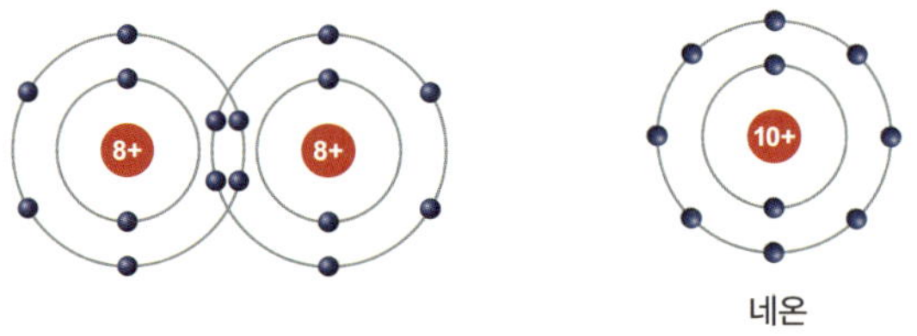

앞에서 말했듯이 원자들은 화학 결합을 통해 전자를 주고받거나 공유하여 안정해지려고 하는데, 이러한 경향성으로 안정된 전자 배치를 이루는 방식을 '옥텟 규칙'이라고 합니다. 이를 정리해 보면 다음과 같습니다.

- 1족 원소는 전자 1개를 잃고 +1가의 양이온이 되어 옥텟 규칙을 만족하려 함.
- 2족 원소는 전자 2개를 잃고 +2가의 양이온이 되어 옥텟 규칙을 만족하려 함.
- Al(알루미늄)은 전자 3개를 잃고 +3가의 양이온이 되어 옥텟 규칙을 만족하려 함(B(붕소)는 준금속으로 전자 3개를 공유해 공유 결합을 하나 옥텟의 예외임).
- 14족 원소는 전자 4개를 공유해 옥텟 규칙을 만족하려 함.
- 15족 원소는 전자 3개를 얻거나 다른 원자와 공유하여 옥텟 규칙을 만족하려 함.
- 16족 원소는 전자 2개를 얻거나 다른 원자와 공유하여 옥텟 규칙을 만족하려 함.
- 17족 원소는 전자 1개를 얻거나 다른 원자와 공유하여 옥텟 규칙을 만족하려 함.

원소들이 결합하여 화합물을 구성하는 화학 결합에는 이온 결합과 공유 결합이 있습니다. 이온 결합의 경우 먼저 양이온이 되기 쉬운 금속 원자에서 음이온이 되기 쉬운 비금속 원자로 전자의 이동이 일어나 옥텟 규칙을 만족하는 안정한 상태의 이온을 형성합니다. 이후 금속 원소에 의한 양이온과 비금속 원소에 의한 음이온이 접근하면 정전기적 인력이 커지면서 가장 안정한 거리에서 이온 결합이 형성되게 됩니다.

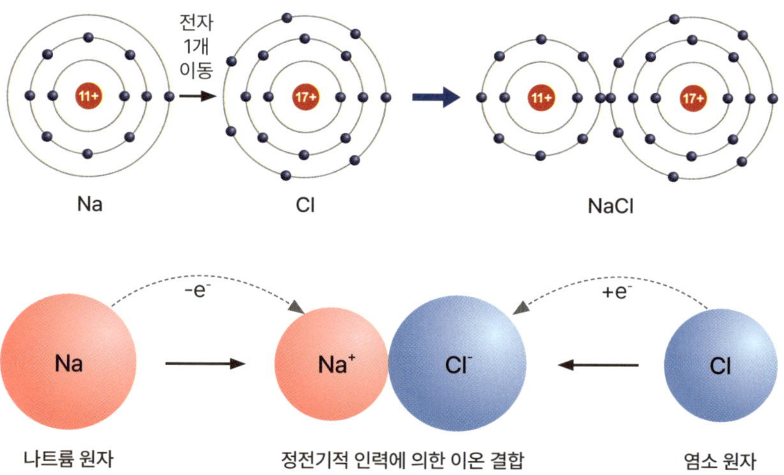

다음 그래프는 이온 결합 형성 시 이온 사이의 거리에 따른 에너지 변화를 나타낸 것입니다. 여기서 이온 결합은 에너지가 가장 낮고 안정한 (b)점에서 형성되게 됩니다.

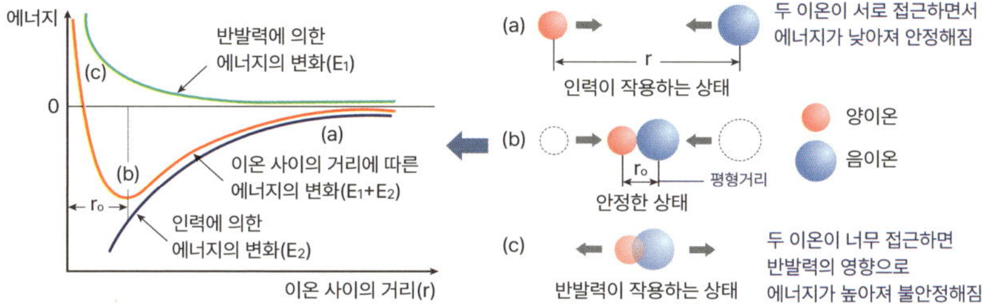

다음은 몇 가지 이온 결합 물질들을 보어 모형으로 나타낸 것입니다.

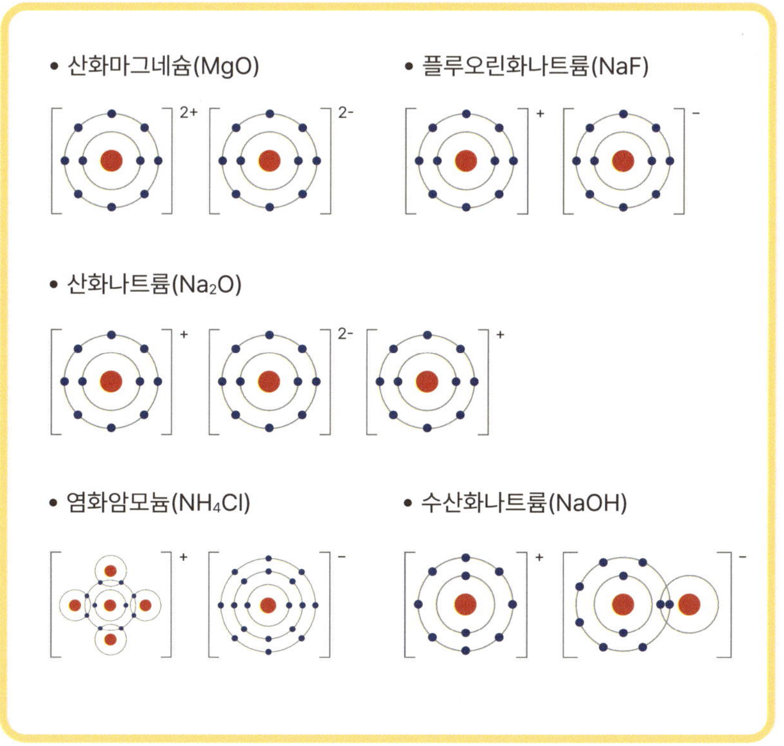

공유 결합의 경우에는 비금속 원자들이 안정한 전자 배치를 이루기 위해 부족한 전자를 공유하여 각각의 원자들이 옥텟 규칙을 만족하는 결합을 형성합니다. 예를 들어 1개의 산소 원자는 전자 2개를 내놓고, 2개의 수소 원자는 각각 전자 1개씩을 내놓아 각각 1개씩의 전자쌍을 공유합니다. 이때 산소 원자는 네온과 같은 전자 배치를, 수소 원자는 헬륨과 같은 전자 배치를 이루어 안정하게 됩니다. 물 분자는 이런 방식의 공유 결합을 통해 만들어집니다.

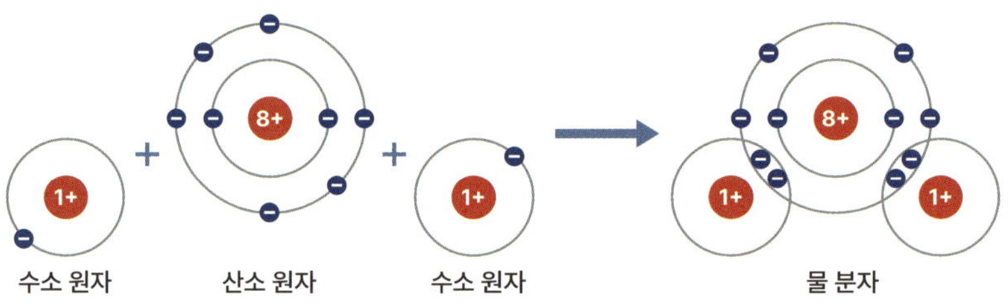

아래의 그래프는 공유 결합 형성 시 원자 사이의 거리에 따른 에너지 변화를 나타낸 것입니다. 공유 결합 역시 에너지가 가장 낮고 안정한 거리에서 형성되게 됩니다.

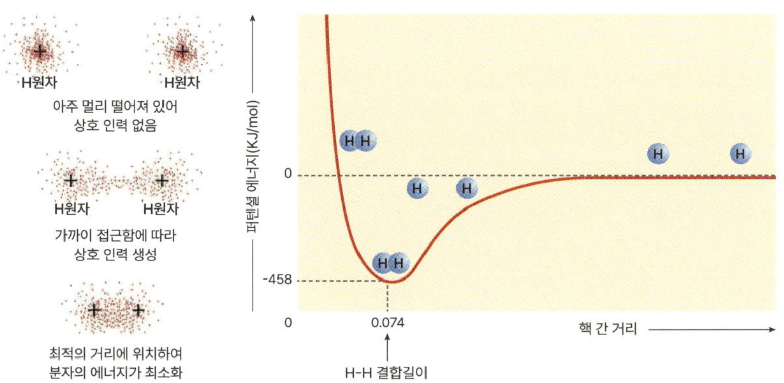

공유 결합에서 전자 2개가 쌍을 이룬 경우를 전자쌍이라고 부릅니다. 여기서 원자가 전자 중 양쪽 원자가 서로 공유한 전자쌍은 공유 전자쌍이라고 하고, 원자가 전자 중 공유 결합 형성에 참여하지 않아 공유되지 않은 전자쌍은 비공유 전자쌍이라고 합니다.

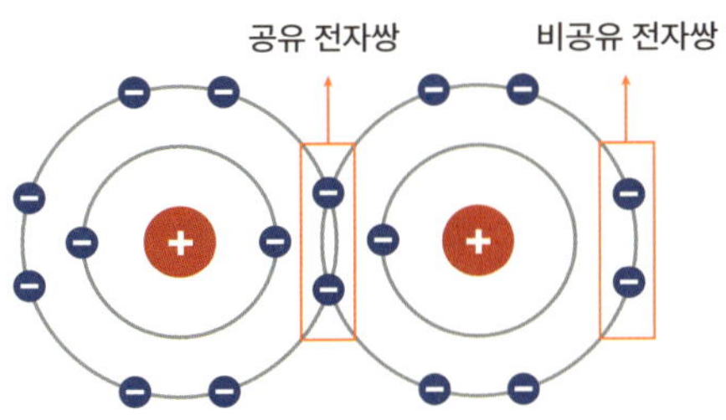

이러한 공유 결합에는 단일 결합, 이중 결합, 삼중 결합의 세 가지 종류가 있습니다. 단일 결합은 두 원자가 1개의 전자쌍을 공유한 결합으로 플루오린(F) 원자들 간의 결합이 대표적입니다. 플루오린(F) 원자는 전자 1개를 서로 공유해 비활성 기체인 네온(Ne)과 같은 전자 배치를 합니다.

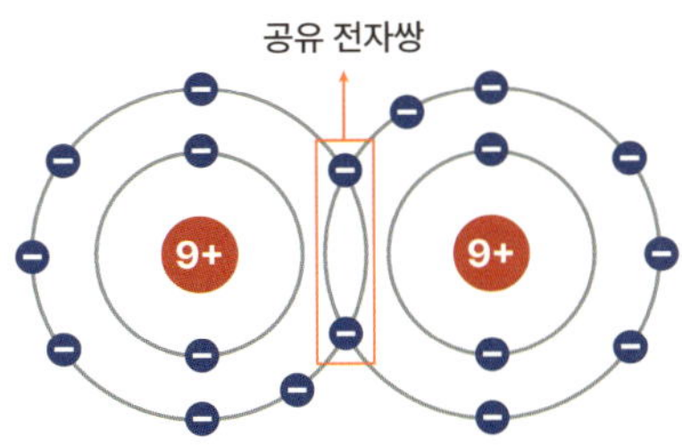

이중 결합은 두 원자가 2개의 전자쌍을 공유한 결합으로 산소(O) 원자들 간의 결합이 대표적입니다. 산소(O)는 전자 2개를 서로 공유해 비활성 기체인 네온(Ne)과 같은 전자 배치를 합니다.

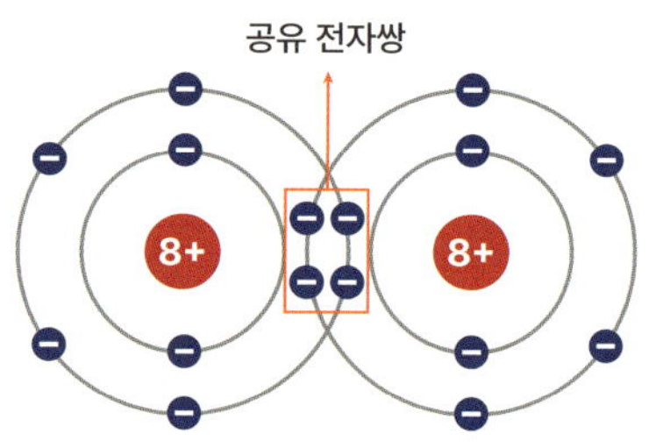

삼중 결합은 두 원자가 3개의 전자쌍을 공유한 결합으로 질소(N) 원자들 간의 결합이 대표적입니다. 질소(N)는 전자 3개를 서로 공유해 비활성 기체인 네온(Ne)과 같은 전자 배치를 합니다.

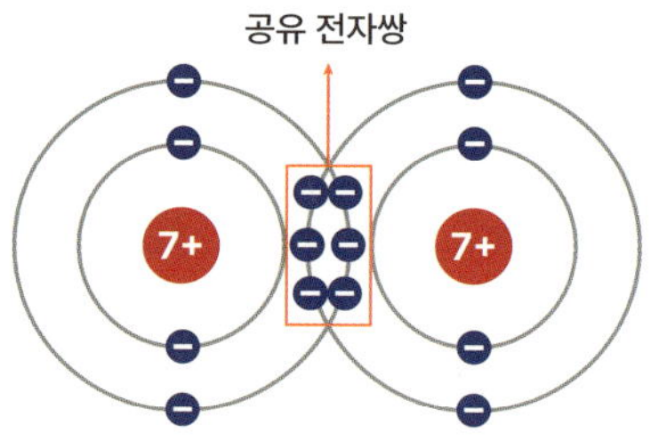

다음은 몇 가지 이온 결합 물질들을 보어 모형으로 나타낸 것입니다.

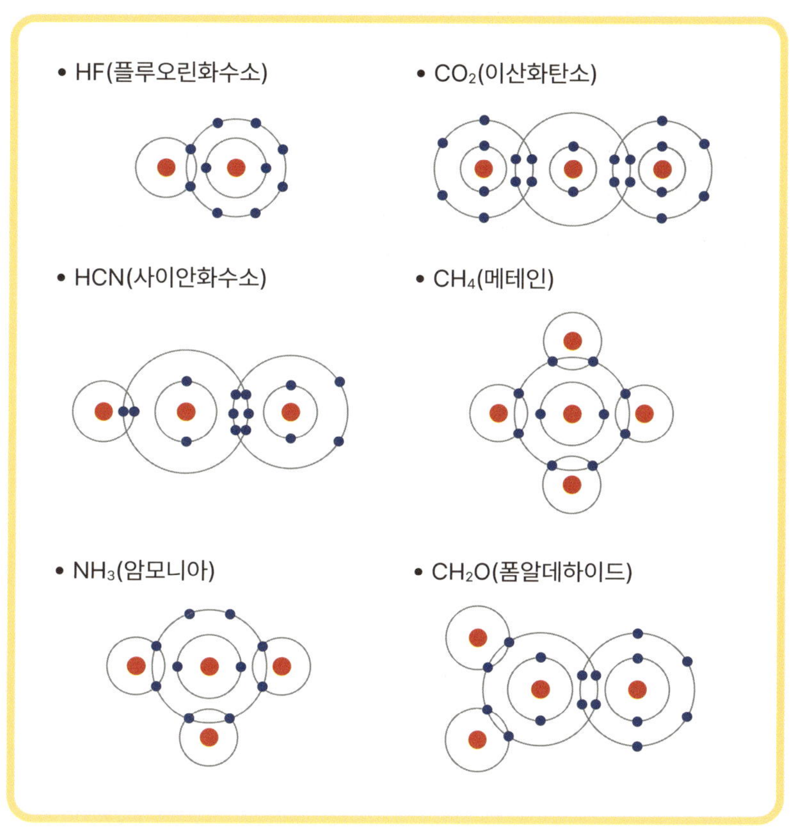

　이온 결합 물질과 공유 결합 물질의 성질 중 가장 큰 차이점은 전기 전도성입니다. 전기 전도성을 가지려면 전하를 띤 자유로이 움직일 수 있는 입자가 존재해야 합니다. 이온 결합 물질의 경우 고체 상태에서는 이온들이 강하게 결합하고 있기 때문에 자유롭게 이동할 수 없어 전기 전도성이 없습니다. 하지만 액체 상태나 수용액 상태에서는 이온들이 자유롭게 이동할 수 있으므로 전기 전도성이 존재합니다.

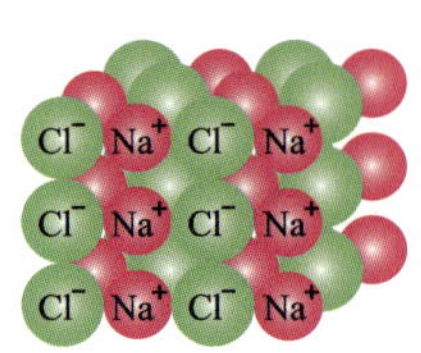

염화나트륨은 Na⁺와 Cl⁻이
강하게 결합하고 있어서
이온들이 자유롭게
이동할 수 없습니다.

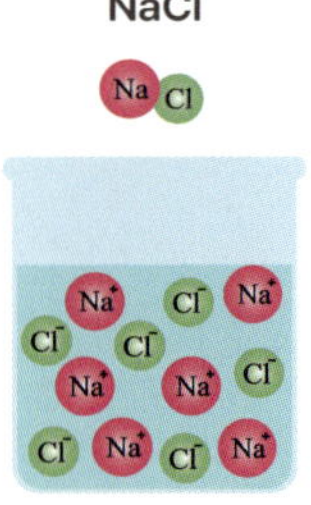

염화나트륨을 물에 녹이면
Na⁺와 Cl⁻으로 이온화 됩니다.
이때 전원을 연결하면
양이온 Na⁺는 (-)극으로 이동하고
음이온 Cl⁻은 (+)극으로 이동합니다.

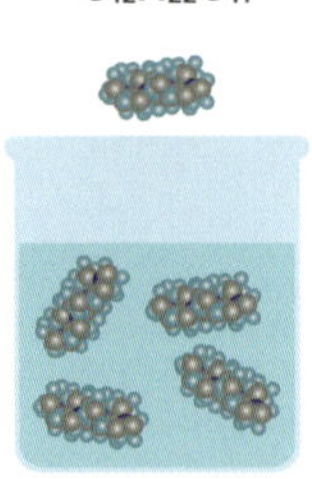

공유 결합 물질은
이온이 생성되지 않아
전기 전도성이 없습니다.

【 수용액에서의 전기 전도성 비교 】

결정을 이루는 이온 결합 화합물은 대부분 극성 물질인 물에 잘 녹아 수화된 상태로 존재합니다. 이렇게 물에 녹으면 양이온과 음이온으로 나뉘어져 자유롭게 이온이 이동할 수 있어 수용액에서 전기 전도성을 갖게 되는 겁니다.

이에 반해 공유 결합 물질은 전하를 띠는 입자인 이온이 생성되지 않으므로 고체와 액체 상태 모두 전기 전도성이 존재하지 않습니다. 뒤에 나올 내용인데 흑연, 그래핀, 탄소 나노 튜브, 풀러렌 등은 제외하구요. 예를 들어 설탕이나 포도당 같은 공유 결합 물질을 물에 녹여도 전기적으로 중성인 분자 상태로 존재할 뿐 이온이 생성되지 않아 수용액 상태에서도 전기 전도성이 없습니다. 공유 결합 물질의 경우 대부분 전자가 원자 사이에 공유 결합되어 있거나 원자핵에 강하게 결합되어 있어 자유로운 이동이 불가능하기 때문입니다.

　　이온 결합 물질은 우리 주변에서 쉽게 찾아볼 수 있습니다. 바다 속의 아름다운 산호초는 탄산칼슘($CaCO_3$)으로 이루어진 산호의 외골격이 쌓여 만들어진 것입니다. 탄산칼슘($CaCO_3$)은 칼슘 이온과 탄산 이온이 결합하여 생성된 이온 결합 물질로 조개껍데기나 달걀껍데기의 주성분이기도 합니다. 비누를 만들 때 사용하는 수산화나트륨($NaOH$), 장마철에 습기 제거제로 사용하는 염화칼슘($CaCl_2$), 빵을 만들 때 사용하는 베이킹파우더의 주성분인 탄산수소나트륨($NaHCO_3$)도 이온 결합 물질입니다.

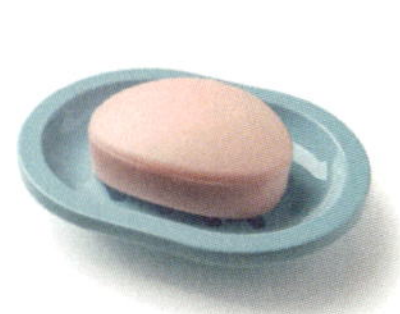

비누
원료인 수산화나트륨($NaOH$)은
나트륨 이온과 수산화 이온으로
이루어진 이온 결합 물질.

베이킹파우더
원료인 탄산수소나트륨($NaHCO_3$)은
나트륨 이온과 탄산수소 이온으로
이루어진 이온 결합 물질.

　　공유 결합 물질도 마찬가지입니다. 주변을 살펴보면 수소(H_2), 질소(N_2), 이산화탄소(CO_2), 메테인(CH_4), 암모니아(NH_3), 포도당($C_6H_{12}O_6$) 등 다양한 공유 결합 물질이 존재합니다. 소독할 때 사용하는 에탄올(C_2H_5OH), 휴대용 가스레인지에 사용하는 뷰테인(C_4H_{10}), 설탕($C_{12}H_{22}O_{11}$), 해열 진통제인 아스피린($C_9H_8O_4$) 등도 공유 결합 물질입니다. 그뿐만이 아닙니다. 생명체를 구성하는 탄수화물, 단백질 등에도 공유 결합이 포함되어 있습니다.

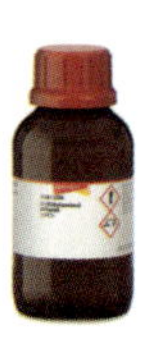

소독용 에탄올
에탄올(C_2H_5OH)은
탄소, 수소, 산소로 이루어진
공유 결합 물질.

뷰테인 가스
뷰테인(C_4H_{10})은
탄소와 수소로 이루어진
공유 결합 물질.

설탕과 아스피린
설탕($C_{12}H_{22}O_{11}$)과
아스피린($C_9H_8O_4$)은
탄소, 수소, 산소로 이루어진
공유 결합 물질.

앞에서 말했듯이 이온 결합은 금속과 비금속 원소 사이에 주로 생성됩니다. 이는 전자를 주고받아 금속 원소가 양이온이 되고, 비금속 원소가 음이온이 되어 정전기적 인력에 의해 결합을 형성할 수 있기 때문입니다. 한편 공유 결합은 비금속 원소 사이에 생성됩니다.

우리 몸에서 일어나는 물질대사 역시 화학 결합이 끊어지기도 하고 새로 생성되기도 하는 화학 반응입니다. 탄수화물, 단백질, 지방이 우리 몸에서 소화될 때는 원자 사이에 이루어진 공유 결합이 끊어져서 포도당, 아미노산, 지방산과 글리세롤 등 단순한 분자로 분해되어 체내에 흡수되며, 세포 호흡과 같은 생명 현상이 일어날 때는 포도당이 산소와 결합하여 이산화탄소와 물이 생성되는 식입니다. 이처럼 물질대사는 반드시 화학 결합이 끊어지고 생성되는 과정을 거치게 되는데, 이에 따라 에너지 출입도 반드시 수반하기 때문에 에너지 대사로 부르기도 하는 것입니다.

원자는 서로 만나 쌍을 이룬다

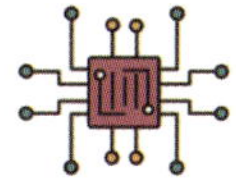

루이스 구조식

8개의 점자로 해결

미국의 화학자 길버트 뉴턴 루이스Gilbert Newton Lewis, 1875~1946년는 화합물의 결합 구조를 시각적으로 보여 주기 위해 원소 기호 둘레에 원자가 전자를 점으로 표시한 도식을 고안했는데, 이것을 루이스 구조식 또는 루이스 전자점식이라고 합니다. 분자의 구조를 전자점식으로 표시할 때에는 제일 먼저 원소 기호 상하좌우에 원자가 전자를 1개씩 먼저 그립니다. 그다음 다섯 번째 원자가 전자부터는 쌍을 이루도록 원소 기호 상하좌우에 그려 줍니다. 이때 쌍을 이루지 않은 전자를 홀전자라고 합니다.

	1족	2족	13족	14족	15족	16족	17족	18족
1주기	H •							•He•
2주기	Li •	•Be•	• B •	• C •	• N •	: O •	: F :	:Ne:
3주기	Na•	•Mg•	• Al •	• Si •	• P •	: S •	:Cl •	:Ar:

양쪽 원자가 서로 공유한 공유 전자쌍은 두 원자의 원소 기호 사이에 표시하고, 공유 결합 형성에 참여하지 않은 비공유 전자쌍은 각 원소 기호 주변에 표시합니다.

공유 결합을 표시할 때에는 이를 편리하게 나타내기 위해 공유 전자쌍은 결합선(-)으로 표시하고, 비공유 전자쌍은 그대로 나타내거나 생략하는 방식의 루이스 구조식을 사용합니다. 이때 단일 결합은 결합선 1개, 이중 결합은 결합선 2개, 삼중 결합은 결합선 3개로 나타냅니다.

다음은 염소(Cl) 원자 사이의 공유 결합을 루이스 전자점식과 루이스 구조식으로 각각 나타낸 것입니다.

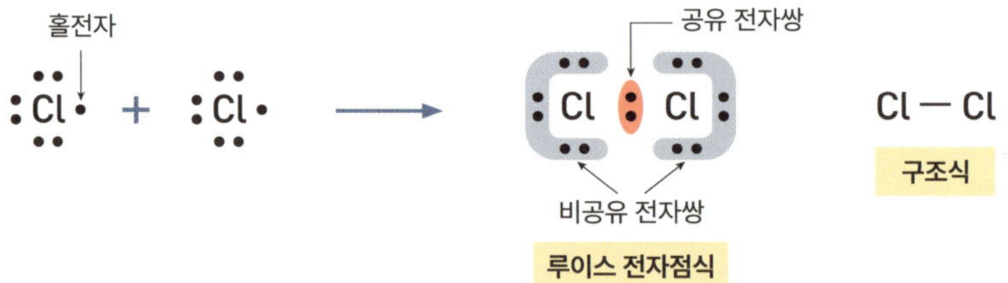

Cl_2의 공유 전자쌍은 1개이고, 비공유 전자쌍은 6개인데 루이스 구조식에서는 비공유 전자쌍을 생략해 표시하는 경우가 많습니다. 산소(O) 원자 사이의 공유 결합도 한번 살펴볼까요?

O_2의 공유 전자쌍은 2개이고, 비공유 전자쌍은 4개입니다. 위 도식처럼 비공유 전자쌍을 표시해도 무방합니다.

삼중 결합을 하는 질소(N) 원자 사이의 공유 결합도 같이 봅시다.

N_2의 공유 전자쌍은 3개이고, 비공유 전자쌍은 2개입니다. 위 도식도 비공유 전자쌍을 표시한 것입니다.

옥텟 규칙의 일부 예외를 제외하고 루이스 구조식은 각 원자가 비활성 기체의 전자 배치와 같은 옥텟 규칙을 만족하도록 구성하면 됩니다. 즉, 앞에서 언급한 대로 14족 원소는 전자 4개를, 15족 원소는 전자 3개, 16족 원소는 전자 2개, 17족 원소나 수소는 전자 1개를 공유해 비활성 기체의 전자 배치를 만족하게 구성합니다.

공유 결합에는 단일, 이중, 삼중 결합이 존재하므로 옥텟 규칙을
만족시키는 루이스 구조식을 예시로 하나씩 보자면 다음과 같습
니다.

- 14족 원소

$$-\overset{|}{\underset{|}{C}}- \qquad =\overset{|}{\underset{|}{C}} \qquad =C= \qquad \equiv C-$$

- 15족 원소

$$-\underset{|}{N}- \qquad =N- \qquad \equiv N$$

- 16족 원소

$$-O- \qquad =O$$

- 17족 할로겐 원소

$$-X$$

- H

$$-H$$

다음은 단일 결합만으로 이루어진 분자들을 루이스 전자점식과 루이스 구조식으로 각각 나타낸 것입니다.

구분	플루오린화수소 (HF)	플루오린 (F₂)	물 (H₂O)	암모니아 (NH₃)	메테인 (CH₄)
루이스 전자점식	H:F̈:	:F̈:F̈:	H:Ö: H	H:N̈:H H	H H:C:H H
루이스 구조식	H−F	F−F	H−O H	H−N−H H	H H−C−H H

이중 결합이나 삼중 결합 같은 다중 결합이 있는 경우도 예를 들어 보겠습니다.

구분	산소 (O₂)	질소 (N₂)	이산화탄소 (CO₂)	사이안화수소 (HCN)	에타인 (C₂H₂)
루이스 전자점식	:Ö::Ö:	:N⦂N:	Ö::C::Ö	H:C⦂N:	H:C⦂C:H
루이스 구조식	O=O	N≡N	O=C=O	H−C≡N	H−C≡C−H

루이스 구조식은 공유 결합을 시각적으로 편리하게 표시하기 위한 도구이기 때문에 다음에 언급할 전자쌍 반발 원리를 이해하면 분자의 모양에 맞게 입체적으로 그려 줄 수 있습니다.

전자쌍 반발 원리

두 개 이상의 원자가 화학 결합으로 독립된 단위체를 이루면 분자가 되는데, 전자쌍 반발 원리는 이런 분자의 입체 구조를 설명해 주는 이론입니다. 분자의 구조를 이해하는 데 있어 중요한 개념 중 하나는 결합각입니다. 결합각은 중심 원자의 핵과 그와 결합한 다른 원자의 핵을 연결한 선의 중심각을 의미하는데, 그것이 분자의 모양을 결정합니다.

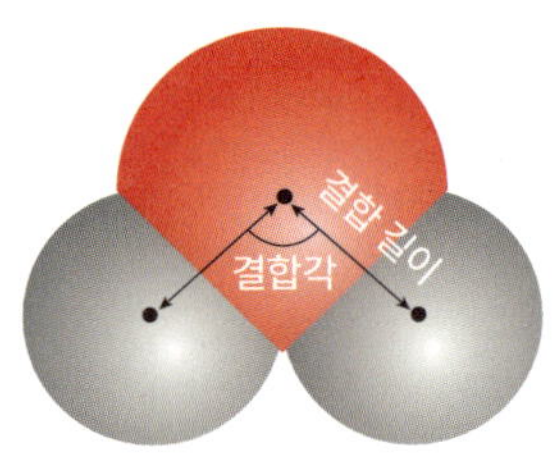

그리고 전자쌍 반발 원리를 이용하여 중심 원자 주위 공유 전자쌍과 비공유 전자쌍의 수로 분자의 구조를 예측할 수 있습니다. 분자에서 중심 원자 주변의 전자쌍들은 가능한 멀리 떨어지려 합니다. 그것은 **중심 원자를 둘러싸고 있는 전자쌍들이 −전하를 띠고 있어 정전기적으로 반발하여 서로 밀어내는 반발력이 작용하기 때문입니다. 이것을 전자쌍 반발 원리라고 합니다.**

여기서 비공유 전자쌍이 공유 전자쌍보다 주변의 공간을 더 많이 차지하기 때문에 반발력도 더 크게 나타닙니다. 따라시 그 크기를 비교하면, 비공유-비공유 전자쌍 사이의 반발력 〉 공유-비공유 전자쌍 사이의 반발력 〉 공유-공유 전자쌍 사이의 반발력 순으로 정해집니다. 비공유 전자쌍이 상대적으로 더 많은 공간을 차지하는 이유는 공유 전자쌍의 경우 전자를 공유하는 두 원자핵의 인력에 의해 동시에 구속되지만 비공유 전자쌍은 전자가 속한 하나의 원자핵 인력에 의해서만 구속되기 때문입니다.

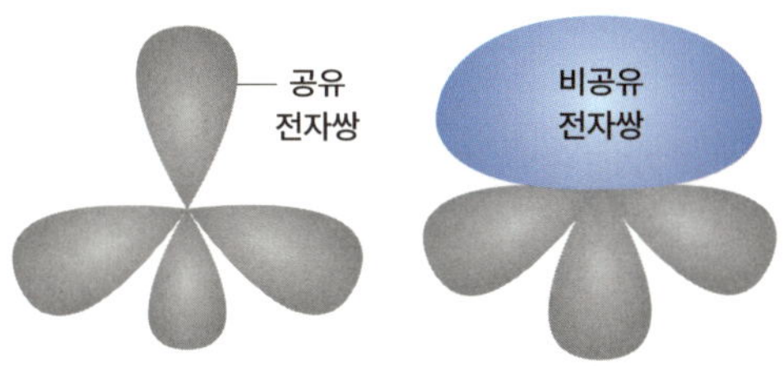

중심 원자 주위에 존재하는 전자쌍의 수는 입체수라고 하는데, 이를 통해 분자의 기하학적 구조를 예측할 수 있습니다.

입체수	2	3	4
안정한 전자쌍의 배치	전자쌍이 중심 원자의 정반대 위치에 놓일 때 가장 안정	전자쌍이 정삼각형의 꼭짓점에 놓일 때 가장 안정	전자쌍이 정사면체의 꼭짓점에 놓일 때 가장 안정
결합각	180°	120°	109.5°
분자 모양	직선형	평면 삼각형	정사면체

중심 원자를 둘러싸고 있는 전자쌍들은 정전기적으로 서로 밀어내므로 그 반발을 최소화하기 위해 가능한 멀리 떨어지려 합니다. 그 결과 입체수가 2일 때는 결합각 180°인 직선형, 입체수가 3일 때는 결합각 120°인 평면 삼각형, 입체수 4일 때는 결합각 109.5°인 정사면체 구조를 갖게 됩니다.

중심 원자가 공유 전자쌍만 갖는 경우의 분자 구조를 대표적으로 예를 들면 다음과 같습니다.

공유 전자쌍 수	2개	3개	4개
구조	직선형	평면 삼각형	정사면체
결합각	180°	120°	109.5°
루이스 전자점식과 구조식	H:Be:H H-Be-H	:F:B:F: :F: F-B-F F	H:C:H (H above and below) H-C-H (H above and below)
분자 모양	180° / H Be H	F / B 120° / F F	H 109.5° / H C H / H

다음은 중심 원자가 공유 전자쌍과 비공유 전자쌍을 모두 갖는 경우의 분자 구조를 표로 정리한 것입니다. 그런데 여기서는 입체수가 동일한 4라 해도 비공유 전자쌍이 존재하면 비공유 전자쌍의 반발이 더 크게 작용하므로 결합각은 109.5°보다 더 작아집니다.

전자쌍 수	공유	3개	2개
	비공유	1개	2개
구조		삼각뿔	굽은형
결합각		107°	104.5°
루이스 점자점식과 구조식		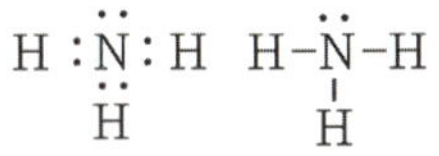 H :N: H　H–N–H 　　H　　　H	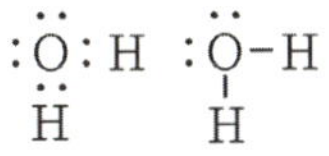 :O: H　:O–H 　H　　　H
분자 모양		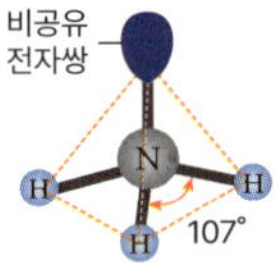	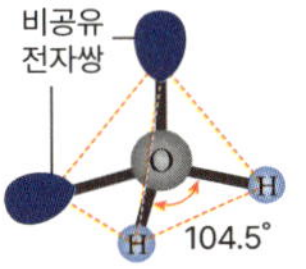

중심 원자가 다중 결합을 갖는 경우에는 다중 결합을 1개의 입체수로 취급하여 분자 모양을 예측해야 합니다. 다음은 이렇게 다중 결합을 한 분자 구조를 정리한 것입니다.

분자식	C_2H_4(에텐)	C_2H_2(에타인)
구조	평면 구조	직선형
루이스 전자점식과 구조식	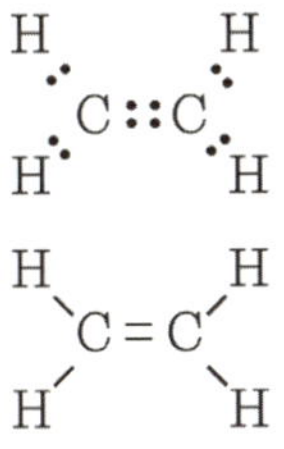 H　　　H 　C::C H　　　H H　　　H 　C = C H　　　H	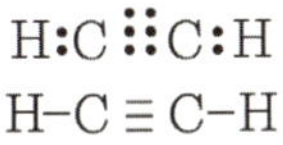 H:C ::: C:H H–C ≡ C–H
분자 모양	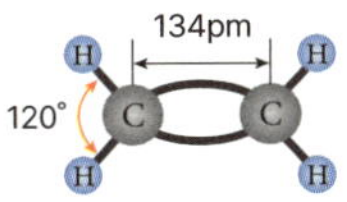	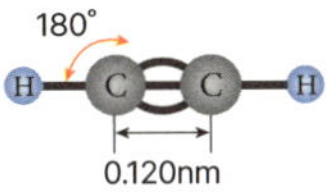

C_2H_4(에텐)의 중심 원자인 탄소 주변에는 공유 전자쌍이 4개가 있지만 이중 결합은 한군데 모여 있으므로 입체수를 3으로 봅니다. 따라서 탄소 주변에 평면 삼각형이 만들어지고 두 평면 삼각형이 겹쳐 평면 구조가 됩니다. C_2H_2(에타인)의 중심 원자인 탄소 주변에도 공유 전자쌍이 4개가 있지만 삼중 결합은 한군데 모여 있으므로 입체수를 2로 봅니다. 따라서 탄소 주변에 직선형 구조가 만들어지고 두 직선형 구조가 겹쳐 전체 구조도 직선형이 됩니다.

다음은 2주기 원소 수소 화합물의 분자 구조를 표로 정리한 것입니다.

족	2	13	14	15	16
공유 전자쌍 수	2	3	4	3	2
비공유 전자쌍 수	0	0	0	1	2
결합각	180°	120°	109.5°	107°	104.5°
분자 모양	직선형	평면 삼각형	정사면체	삼각뿔	굽은형
수소 화합물	BeH_2	BH_3	CH_4	NH_3	H_2O
분자 모형	180°	120°	109.5°	비공유 전자쌍 107°	비공유 전자쌍 104.5°

지금까지 살펴본 것처럼 전자쌍 반발 원리는 분자 구조를 결정하는 데 있어 매우 중요한 역할을 합니다. 따라서 루이스 구조식과 전자쌍 반발 원리만 이해하고 있어도 웬만한 분자들의 구조는 손쉽게 파악할 수 있습니다.

화학 결합이 만들어 내는 다양한 물질들

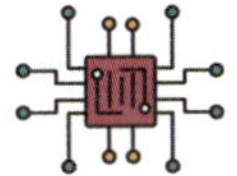

다이아몬드 Vs 흑연

같은 탄소 다른 구성

다이아몬드와 흑연이 사실은 같은 물질이라는 이야기 많이 들어봤을 거예요. 다이아몬드는 우리가 알고 있는 한도 내에서 가장 강한 물질이고, 연필심으로 쓰는 흑연은 툭 건드리기만 해도 부러지지요. 엄청 성질이 달라 보이지만 둘 다 탄소 원자 간 공유 결합만으로 이루어진 동소체입니다. 구성 원소가 탄소 하나로 동일하다는 뜻입니다. 그런데 그 가치와 쓰임새는 엄청 다르죠. 똑같은 원소로 구성되어 있는데 왜 이런 차이가 생기게 되는 걸까요?

다이아몬드는 탄소 원자만으로 이루어진 원자 결정입니다. 흑연도 마찬가지로 탄소 원자만으로 이루어진 원자 결정이죠. 하지

만 다이아몬드와 흑연은 아래의 표처럼 완전히 다른 구조와 성질
을 가지고 있습니다.

	다이아몬드	흑연
구조 모형	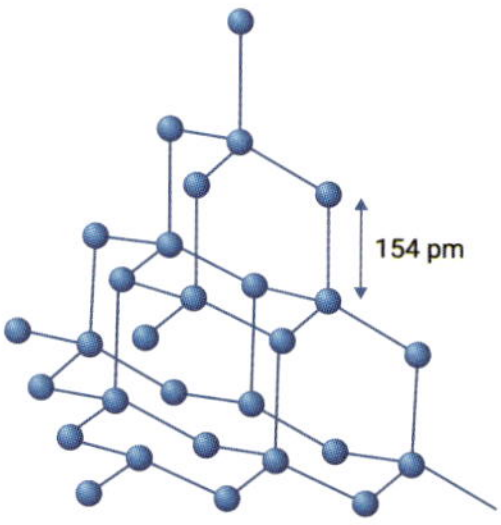	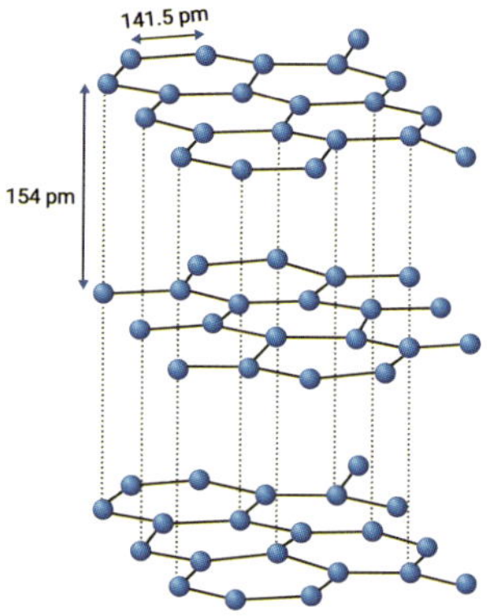
C 1개 당 공유 결합 수	4개	3개
결합 모양	정사면체 모양	정육각형 모양
구조	그물 구조	층상 구조
전기 전도성	×	○

    다이아몬드는 탄소 원자들이 3차원적으로 배열된 정사면체 결
정 구조를 가지고 있습니다. 각각의 탄소 원자가 네 개의 이웃 원
자와 손을 잡은, 단단한 네모 상자처럼 만들어져 있습니다. 그래서
아직까지는 다이아몬드는 지구상에서 가장 단단한 물질로 알려져
있습니다. 한편 흑연은 2차원적 층상 구조를 가지고 있습니다. 육
각형의 평면이 층층이 쌓여 있는 구조이지만 층간 결합력이 약하

기 때문에 쉽게 부스러지는 특성이 있습니다. 또한 다이아몬드는 절연체로 전기가 통하지 않지만 흑연은 공유 결합에 쓰이게 않는 전자가 자유롭게 이동할 수 있어 전기 전도성을 가지고 있습니다.

일반적으로 지표 부근은 다이아몬드가 생성될 수 있는 환경이 아닙니다. 다이아몬드가 형성되려면 1300℃~1600℃에 육박하는 고온과 5만~6만 기압에 달하는 고압 조건이 필요하기 때문입니다. 이런 환경은 지구 내부의 50~250km 부근, 즉 지층 구조로 보면 맨틀에서나 가능합니다. 즉 지표가 아니라 엄청난 고온과 고압이 작용하는 이른바 '다이아몬드 안정지대'에서 다이아몬드가 생성되는 것입니다. 다이아몬드 안정지대란 탄소가 다이아몬드로 변하기에 적합한 지층을 일컫는 말입니다.

온도와 압력에 따른 물질의 상(고체, 액체, 기체) 사이의 평형 상태를 나타낸 그래프를 상평형 그림이라고 하는데, 이 그래프를 통해 주어진 온도와 압력에서 물질이 어느 상태로 존재하는지 쉽게 알 수 있습니다. 아래의 그래프는 다이아몬드와 흑연이 안정하게 존재하는 영역을 온도와 압력의 축으로 나타낸 상평형 그림입니다. 이 그래프를 보면, 다이아몬드와 흑연은 둘 다 탄소 원자만으로 이루어져 있지만 존재 가능한 온도와 압력 조건은 많은 차이가 난다는 사실을 알 수 있습니다.

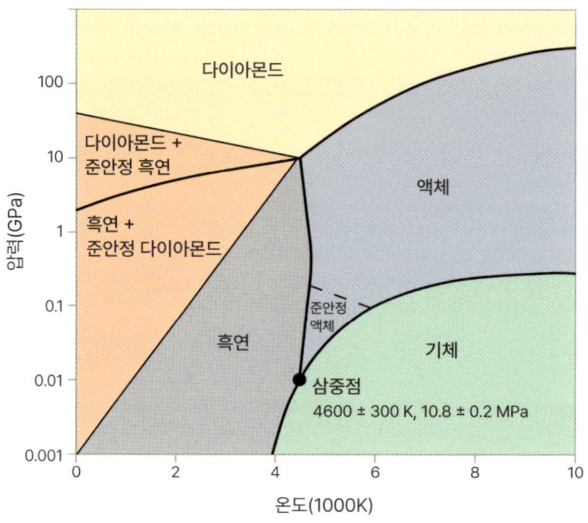

상평형 그림에서 볼 수 있듯이 다이아몬드는 극도로 높은 온도
와 압력이 작용하는 맨틀 부근에서 생성됩니다. 그리고 이렇게 생
성된 다이아몬드는 화산 활동으로 급격한 폭발이 일어날 때 생긴
킴벌라이트라는 화성암에 박혀 지표면으로 올라옵니다. 19세기
후반 남아프리카 공화국 킴벌리라는 마을에서 대규모 다이아몬드
광산이 발견되었는데, 이 마을을 이름을 따서 다이아몬드를 포함
하고 있던 암석을 킴벌라이트라 부르게 된 것입니다.

【 모스굳기계 】

　광물 경도를 1에서 10까지 숫자로 표시한 기준인 모스굳기계를 보면 금강석의 경도가 가장 큽니다. 이 금강석이 바로 다이아몬드입니다. 굳기 10으로 지구상에서 가장 단단한 다이아몬드는 그 특성 덕분에 콘크리트나 대리석은 물론 각종 금속에 이르기까지 거의 모든 물질을 깎고 자르거나 다듬는 연마재로 사용되고 있습니다. 단순히 보석만이 아니라 공업적으로도 큰 의미를 갖는 광물인 거죠.

　이렇게 공업용 다이아몬드의 수요가 높아지자 1953년 미국 제너럴일렉트릭(GE)의 화학자인 트레이시 홀은 다이아몬드를 인공적으로 합성하는 기술을 개발했습니다. 흑연 덩어리를 기계에 넣고 1~2시간 동안 1500℃, 5만 기압 이상의 고온 고압을 가하면 다이아몬드로 그 구조가 바뀌게 됩니다. 현대판 연금술이라고 할 수 있어요. 이렇게 얻어진 인공 다이아몬드는 천연 다이아몬드와 같은 성질을 지니고 있음에도 훨씬 저렴하기 때문에 공업적으로 다양한 분야에 활용되고 있습니다. 우리나라의 경우 1980년대 말부터 일진다이아란 회사가 제너럴일렉트릭에서 개발한 방법과 유사한 방법으로 다이아몬드를 생산하기 시작하여 공업용 다이아몬드의 산업화에 성공하였습니다.

반도체

지구상에 존재하는 물질은 저마다 다른 전기적 성질을 가지고 있습니다. 물질을 이루는 원자가 기본적으로 원자핵과 전자로 구성되어 있기 때문입니다. 양전하를 띤 원자핵 속의 양성자와 음전하를 띤 전자의 수가 같기 때문에 원자는 중성입니다. 그런데 특정 조건에서 원자핵의 속박에서 벗어나 자유롭게 이동하는 전자가 생기면 이 과정에서 전기적 성질의 변화가 발생하는 것이죠. 원자에서 떨어져 나와 자유롭게 이동하는 전자를 자유전자라고 하는데, 이것이 전류를 흐르게 하는 물질의 전기적 성질에 영향을 미치는 것입니다.

물질은 이런 전기적 성질에 따라 보통 도체, 절연체, 반도체로 구분됩니다. 도체는 자유전자가 많아 전류가 잘 흐르는 물질로 금, 은, 구리 등이 있습니다. 절연체는 전자가 원자에 속박되어 있어 전류가 거의 흐르지 않는 물질로 나무, 고무, 플라스틱 등이 있습니다. 반도체는 순수 상태에서는 전류가 잘 흐르지 않지만 불순물을 첨가하면 전기적 특성이 달라지는 물질로 실리콘silicon, 저마늄Germanium 등이 있습니다.

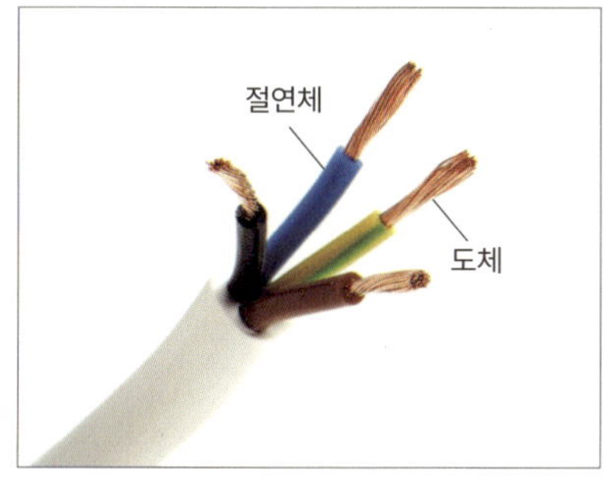
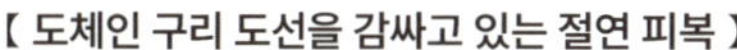

【 도체인 구리 도선을 감싸고 있는 절연 피복 】

【 반도체를 이용하여 만든 전기 소자 】

다음은 온도의 변화에 따라 도체, 절연체, 반도체의 저항이 어떻게 변하는지 그래프로 표시한 것입니다.

이 같은 결과가 나온 이유는 도체의 경우 온도가 높아지면 전자의 충돌 횟수가 증가하여 전기 저항이 증가하는 반면, 반도체와 절연체의 경우 온도가 높아지면 자유 전자 수가 증가하여 전기 저항이 감소하기 때문입니다. 즉, 도체는 온도가 올라갈수록 전류가 잘 흐르지 않는 반면 반도체는 온도가 올라갈수록 전류가 잘 흐르게

되는 것입니다.

금속은 자유 전자를 갖고 있어 전기 전도성이 있는 도체이고, 비금속은 자유 전자가 없어 전기 전도성이 없는 절연체에 속하면 그 중간 정도의 성질을 가진 준금속은 반도체에 속합니다. 그래서 주기율표 14족 원소 중 준금속에 해당하는 실리콘(Si)과 저마늄(Ge)을 순수 반도체라 부릅니다.

순수 반도체는 불순물이 전혀 섞이지 않는 순수한 상태의 반도체를 의미하는데, 이 상태에서는 전기가 거의 흐르지 않지만 온도를 높이거나 특정한 불순물을 첨가하면 전기 전도성을 높일 수 있습니다. 여기서 **순수 반도체에 불순물을 첨가하여 전기적 성질을 바꾸는 기술을 도핑**이라고 합니다. 이렇게 도핑된 불순물 반도체는 **불순물의 종류에 따라 p형 반도체와 n형 반도체로 구분**됩니다.

p형 반도체는 원자가 전자가 4개인 실리콘(Si), 저마늄(Ge)과 같은 순수 반도체에 원자가 전자가 3개인 13족 원소 붕소(B), 인듐(In), 갈륨(Ga) 등을 도핑하여 만든 반도체입니다. 원자가 전자 4개인 실리콘(Si)에 원자가 전자가 3개인 인듐(In)을 첨가하면, 4개의 공유 결합 중 하나가 비어 있는 상태인 양공이 생깁니다. 바로 이 양공이 물질 속에서 전하를 운반하는 전하 운반자의 역할을 합니다. 외부에서 에너지를 가하면 양공 가까이에 있는 전자가 양공을 메우기 위해 이동하고, 그 전자가 이동한 자리에 다른 양공이 생기므로 양공이 이동하는 방향으로 전류가 흐른다고 이해할 수 있습니다.

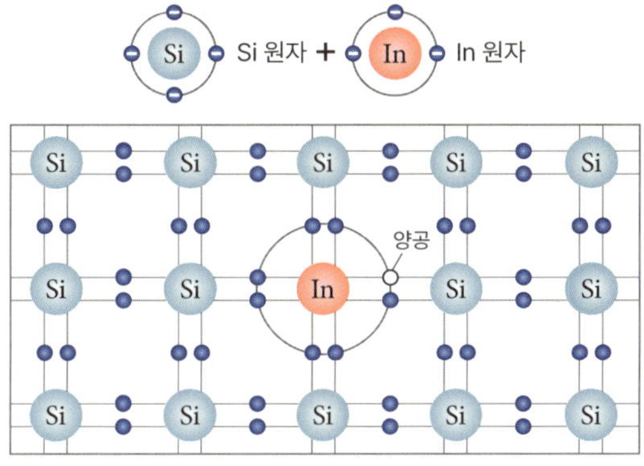

　　n형 반도체는 원자가 전자가 4개인 실리콘(Si), 저마늄(Ge)과 같은 순수 반도체에 원자가 전자가 5개인 인(P), 비소(As), 안티모니(Sb) 등을 도핑하여 만든 반도체입니다. 원자가 전자가 4개인 실리콘(Si)에 원자가 전자가 5개인 비소(As)를 첨가하면, 5개의 원자가 전자 중 4개는 실리콘 원자와 공유 결합을 하고, 전자 1개가 남게 됩니다. 남는 전자는 상대적으로 원자에 약하게 구속되어 있어 작은 에너지로도 쉽게 이동할 수 있습니다. 이 자유 전자가 물질 속에서 전류를 운반하는 역할을 하는 것입니다.

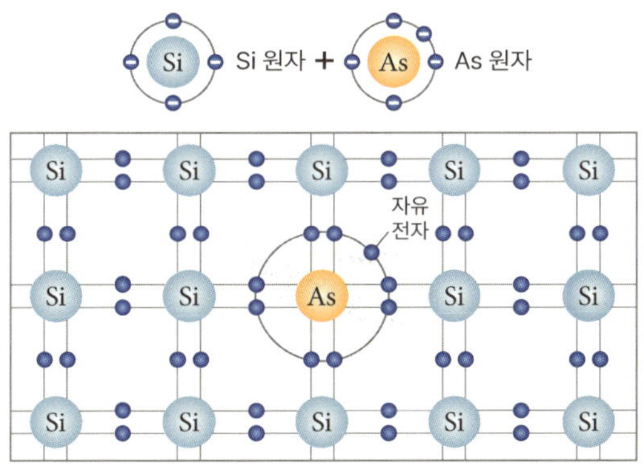

그렇다면 실생활에서는 반도체가 어떻게 이용되고 있을까요? 먼저 p-n 접합 다이오드는 p형 반도체와 n형 반도체 접합을 이용하여 만든 소자입니다. p형 반도체를 전원의 (+)극에, n형 반도체를 전원의 (−)극에 연결하면 다이오드에 전류가 흐르고, 그 반대 방향으로 연결하면 전류를 차단하여 전류를 한 쪽 방향으로만 흐르게 하는 정류 작용을 합니다. 이런 특성으로 인해 p-n 접합 다이오드는 교류를 직류로 바꾸는 전기 부품에 주로 사용됩니다.

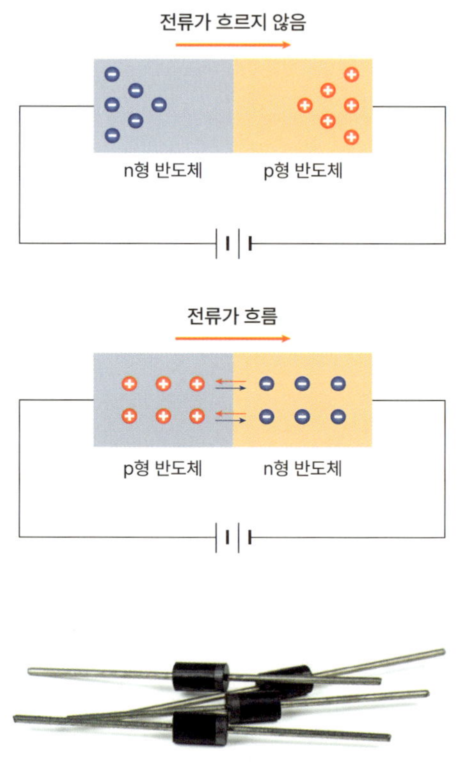

【 정류 다이오드 】

트랜지스터는 p형 반도체와 n형 반도체를 p-n-p 또는 n-p-n의 순서로 연결한 전기 소자로 증폭 및 스위치 기능을 합니다. 매우 작게 만들 수 있으며 소비 전력이 적고 열도 거의 나지 않는 장점이 있습니다. 그래서 집적 회로의 형태로 거의 모든 전기 기구에 사용되고 있습니다. 약한 신호를 큰 신호로 바꾸는 증폭기나 신호가 1과 0으로 구성된 디지털 회로 제작에 주로 이용됩니다.

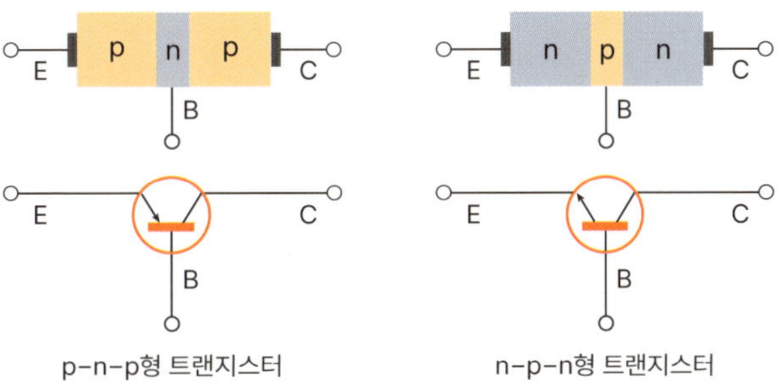

p-n-p형 트랜지스터 　　　　　 n-p-n형 트랜지스터

발광 다이오드LED : Light Emitting Diode는 전류가 흐를 때 빛을 방출하는 다이오드입니다. 반도체를 이용한 p-n 접합이라는 구조로 만들어져 있습니다. 이 구조에서는 전자가 가지는 에너지가 직접 빛 에너지로 변화되기 때문에 전력 손실이 적고 수명이 길며, 크기가 작고 가벼워서 각종 영상 표시 장치, 조명 장치, 레이저 등의 제작에 사용되고 있습니다. 결합하는 원소의 종류에 따라 다양한 색의 발광 다이오드를 만들 수 있습니다. 방출하는 빛의 색이 다르며 특히 백색 LED등은 조명용으로 사용되고 있습니다.

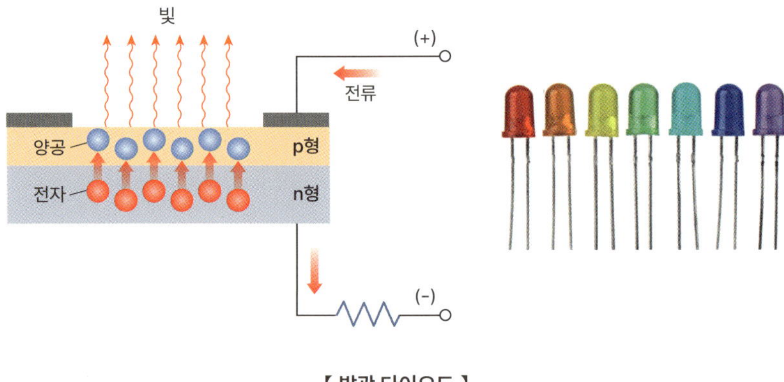

【 발광 다이오드 】

유기 발광 다이오드(OLED)는 유기물의 얇은 필름으로 만든 발광 다이오드입니다. 백라이트에 의해 빛을 내는 LCD와 달리 자체에서 빛을 내는 자체발광형 소자이므로 LCD보다 얇고 가볍게 만들 수 있을 뿐 아니라 휘어지게 만들 수도 있습니다. 이런 특성으로 얇고 가벼운 디스플레이나 휘어지는 조명 등에 이용될 수 있습니다.

그 밖에도 반도체는 다양한 분야에서 널리 사용되고 있습니다. 조건에 따라 전기 저항이 변하는 성질을 이용해 온도, 압력, 가스, 방사능 등의 감지기에 사용되고 있습니다. 빛을 받으면 전류가 흐르는 성질을 이용해서는 적외선 감지기, 자외선 감지기, 태양 전지 등에 사용됩니다. 또 전류가 흐르면 빛을 방출하는 성질을 이용해 CD플레이어나 레이저 등에 사용되고, 전기 전도성을 증가시켜 디지털 연산이 가능하게 만든 반도체는 컴퓨터의 중앙 처리 장치, 기억 장치(메모리) 등에 사용됩니다. 그리고 온도에 따라 선기 저항이 변하는 성질을 이용해 냉장고, 에어컨, 화재 감지기 등에도 쓰이며, 빛의 밝기에 따라 전기 저항이 변하는 성질을 이용해서는 자동 조명, 조도계 등에도 사용되고 있습니다. 이처럼 독특한 용도와 특성을 가진 반도체는 현대 기술의 핵심으로 다양한 산업 분야를 발전시키고 있습니다.

흑연 Vs 그래핀, 탄소 나노 튜브, 풀러렌

탄소들의 다양한 변주

다이아몬드와 흑연은 같으면서도 왜 다른지 이제 아셨죠? 가치 면에서도 엄청난 차이가 있습니다. 금전적인 가치를 따진다면 흑연은 다이아몬드에 발끝에도 미치지 못할 것입니다. 하지만 흑연을 잘 이용하면 다이아몬드 못지않은 가치가 있는 신소재들을 만들어 낼 수 있어요.

흑연은 탄소 원자가 육각형 모양으로 배열된 평면이 층층이 쌓여 있는 구조입니다. 이 구조에서 한 층만 벗겨 내어 펼친 평면 구조는 그래핀이라고 합니다. 그래핀이 원통 튜브 모양으로 말려 있는 구조는 탄소 나노 튜브라고 하죠. 그리고 탄소 60개가 축구공처럼 결합한 탄소 구조로 내부에 빈 공간이 있는 구조는 풀러렌이라고 부릅니다. 놀라운 것은 흑연에서 유래된 이 세 물질이 모두 엄청난 가치를 자랑하는 신소재라는 것입니다.

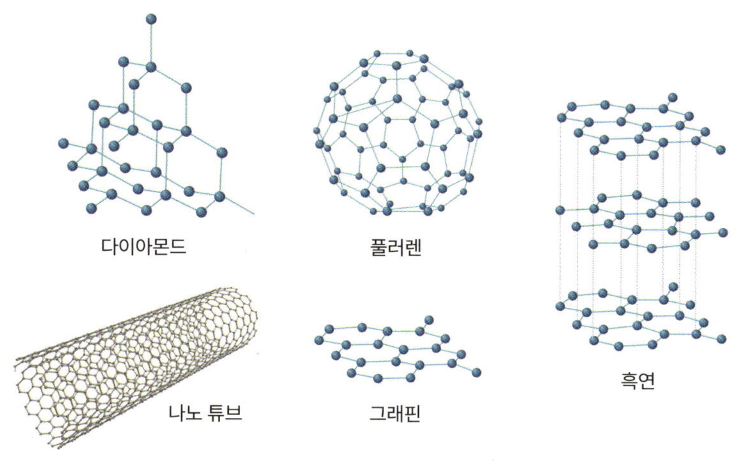

그래핀graphene은 단어도 흑연graphite에서 비롯되었어요. 흑연을 뜻하는 'graphite'와 탄소 이중 결합을 가진 분자를 뜻하는 접미사 '-ene'를 결합하여 붙여진 명칭입니다. 애초에 그래핀은 이론상으로는 제작이 가능하다고 알려졌지만 겹겹이 쌓인 흑연에서 그래핀만 분리하는 기술은 없었어요. 이를 분리할 때 처음 시도된 방법이 스카치테이프를 흑연에서 뗐다 붙였다 하는 거였어요. 뭐랄까, 좀 단순무식한 방법이 통한 거죠. 2004년 러시아 출신 물리학자 안드레 가임과 콘스탄틴 노보셀로프가 연필심에 스카치 테이프를 붙여 떼어낸 뒤, 테이프에 달라붙은 흑연 가루를 반복해서 유리 테이프로 떼어내는 방식으로 그래핀을 처음으로 분리하였답니다. 이 덕분에 이 두 과학자는 2010년에 노벨 물리학상을 수상했습니다. 안 되면 뭐라도 해보는 심정이었을까요? 세상 단순한 방법으로 새로운 물질을 활용할 수 있게 문을 연 거죠.

그래핀을 분리해 낸 것이 얼마나 대단하기에 노벨물리학상까지 받았을까요? 그래핀은 2차원적 평면 구조를 가진 물질로 놀라운 강도와 높은 전기 전도성 및 열 전도성을 가지고 있습니다. 강철보다 200배 이상 강하고, 구리보다 100배 이상 전기가 잘 통하며, 반도체인 단결정 규소보다 100배 이상 전자를 빠르게 이동시킬 수 있고, 다이아몬드보다 2배 이상 열 전도성이 높습니다. 또한 뛰어난 탄성을 가지고 있어 늘리거나 구부려도 전기적 성질을 잃지 않습니다. 이런 장점 덕분에 그래핀은 차세대 신소재로 각광받고 있습니다.

포츈비즈니스인사이트www.fortunebusinessinsights.com의 시장보고서에 따르면 세계 그래핀 시장 규모는 2023년 4억 3,270만 달러로 평가되었으며, 2024년 5억 7,030만 달러에서 2032년 51억 9,320만 달러로 성장할 것으로 예상됩니다. 예측 기간 동안 연평균 성장률이 31.8%나 되니 성장률이 매우 높은 시장이라 할 수 있습니다.

Asia Pacific Graphene Market Size, 2019-2032 (USD Million)

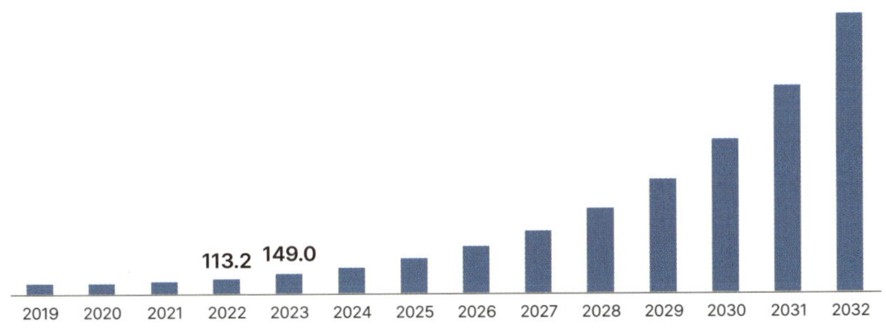

출처 : 포츈비즈니스인사이트

　그렇다면 그래핀은 어떻게 제조할 수 있을까요? 흑연은 육각형 모양의 벌집 구조입니다. 층층이 이루어진 벌집 구조는 분산력이라는 약한 분자간 인력에 의해 결합된 층상 구조입니다. 따라서 한 층 내에서는 탄소 간 공유 결합이 무한대로 이어져 강도가 매우 강하지만 층간에는 분산력이 존재하기 때문에 기계적인 힘으로 쉽게 벗겨낼 수 있습니다. 이런 특성을 이용하여 흑연을 스카치테이프에 붙인 후 붙였다 떼었다를 무수히 반복한 끝에 마침내 순수하게 한 층으로 이루어진 그래핀 분리에 성공할 수 있었던 거죠. 여러 층으로 구성된 흑연 결정에서 기계적인 힘으로 한 층을 벗겨내 그래핀을 만드는 이 방법을 기계적 박리법이라고 합니다. 그 후 화학적 박리법, 화학 기상 증착법, 에피택셜 성장법, 액체상 박리법 등 다양한 그래핀 제조법이 발견되었습니다.

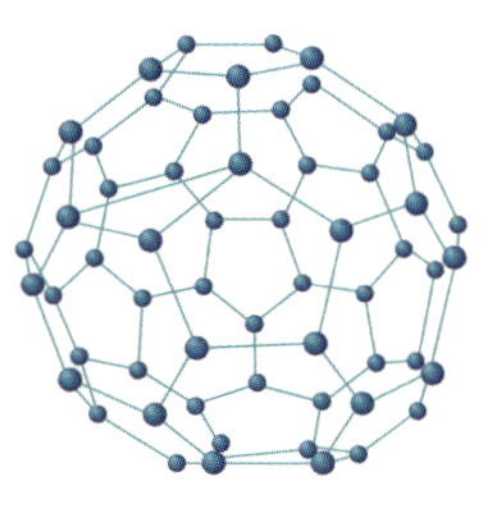

　한편 풀러렌은 1985년 진공 장치의 헬륨 가스 속 흑연에 강력한 레이저 빔을 쏘고 남은 그을음을 분석한 결과 발견됩니다. 이때 발견된 것이 C_{60}이에요. 탄소 원자 60개로 이루어진 생소한 분자가 발견된 겁니다. 풀러렌 발견 이전에는 자연계의 탄소 동소체가 다이아몬드와 흑연만 있는 줄 알았답니다. 이후 탄소 원자 76개, 82개, 120개 등으로 구성된 다양한 풀러렌 분자가 속속 발견됩니다. 풀러렌의 주요한 특징은 탄소 동소체인 다이아몬드나 흑연이 원자 결정인 것과 달리 분자성 물질이라는 점입니다. 풀러렌의 가장 일반적인 형태는

C_{60}으로 '버크민스터풀러렌buckminsterfullerene'이라고 부르는데, 오각형 12개와 육각형 20개로 이루어진 지름 1nm의 축구공 모양(깎은 정이십면체)의 구조를 갖고 있습니다.

풀러렌의 명칭은 미국의 건축가 버크민스터 풀러Buckminster Fuller, 1895년~1983년에서 유래한 것입니다. 1967년 몬트리올 박람회에서 선보였던 지오데식 돔과 구조가 같아 그 건축가 이름에서 따오게 된 거죠. 풀러렌의 또 다른 별칭인 버키 볼Bucky Ball 역시 그의 이름에서 유래한 것입니다. 지오데식 돔geodesic dome은 지오데식 다면체geodesic polyhedron로 이루어진 반구형 또는 바닥이 일부 잘린 구형의 건축물입니다. 정이십면체가 정다면체들 중 구에 가장 가깝고, 모든 면이 삼각형이어서 분할하기 쉽기 때문에 주로 정이십면체를 기본으로 하여 잘게 분할해 가며 구형을 만듭니다.

지오데식 돔은 삼각형 모서리와 면으로 힘을 분산시키기 때문에 얇은 껍질만으로 하중을 지탱할 수 있다는 장점이 있죠. 지오데식

돔 형태의 건축물은 월트 디즈니 월드(미국), 몬트리올 바이오돔
(캐나다), 트로픽아일랜드(독일), 오사카 엑스포 기념 공원(일본), 서
울랜드(한국) 등 세계 여러 곳에서 찾아볼 수 있고, 요즘에는 숙소
를 이렇게 지어서 사람들의 호기심을 자극하는 관광 명소도 많습
니다.

그래핀, 탄소 나노 튜브, 풀러렌의 특징과 활용

위 아래 좌우를 어떻게 연결하는지가 관건

그래핀, 탄소 나노 튜브, 풀러렌은 탄소화합물이라는 공통점 외
에도 구조에서 공통점을 찾을 수 있습니다.

흑연의 구조를 들여다보면 탄소 원자 1개 당 3개의 공유 결합을
가지고 있습니다. 탄소는 14족 원소로 원자가 전자 4개를 가지고
있기 때문에 옥텟이 되어 안정한 구조를 이루려면 4개의 공유 결
합을 형성해야 합니다. 그런데 흑연은 탄소 원자 1개 당 3개의 공
유 결합밖에 없죠. 즉 탄소 원자 1개 당 1개의 원자가 전자가 공유
결합에 직접적으로 참여하고 있지 않은 겁니다. 그렇다면 이 공유
결합에 참여하지 않은 전자들은 어떻게 되었을까요? 이 전자들은
특정 탄소 원자에 완벽하게 구속되어 있는 것이 아니라 흑연 층상
구조의 위아래로 전자구름을 형성해 퍼져 있습니다. 이를 화학에
서는 '비편재화'라고 표현합니다. 비편재화된 전자는 임의의 하나

의 원자 또는 공유 결합에 속하지 않는 전자입니다. 따라서 동일한 흑연 평면을 따라 전자가 쉽게 이동할 수 있기 때문에 전기 전도도가 매우 높은 겁니다.

흑연의 한 층인 그래핀, 그래핀을 돌돌 말아 만든 탄소 나노 튜브 역시 동일한 탄소 결합 구조를 갖기 때문에 전기 전도성이 높을 수밖에 없습니다. 풀러렌은 흑연에서 직접 분리한 것은 아니고 흑연에 레이저 빔을 쏘고 남은 그을음에서 발견된 분자이긴 하나 이 역시 탄소 원자 1개 당 3개의 공유 결합 구조를 가지고 있습니다. 결국 동일한 이유로 인해 전기 전도성이 높습니다.

이 신소재들의 공통점은 탄소 원자가 전자 4개 중 3개만 공유 결합에 직접 참여하고, 공유 결합에 직접 참여하지 않는 1개의 전자는 자유롭게 이동할 수 있으므로 전기 전도성이 좋다는 것입니다.

그래핀은 탄소 간의 공유 결합이 평면 방향으로 무한대로 연결되어 있으므로 매우 단단합니다. 이 공유 결합은 결합을 끊어내는 데 많은 에너지를 필요로 하는 강력한 결합어서 강철보다 무려 200배나 더 강한 강도를 가지고 있습니다. 또한 앞서 말했듯이 공유 결합에 직접 참여하지 않는 1개의 전자가 자유 전자처럼 움직일 수 있으므로 열을 받으면 이웃 전자와의 충돌을 통해 열 에너지 전달이 가능합니다. 그래서 구리보다 13배 이상 열을 잘 전달할 정도로 뛰어난 열전도성을 가지고 있습니다. 탄소 원자 한 층에 해당하는 약 0.35나노미터의 얇은 두께를 가지고 있습니다. 1나노미터는 10억분의 1미터 두께이니 얼마나 얇겠습니까. 게다가 투명해서 빛도 잘 투과시킵니다. 전자 이동 속도도 기존의 실리콘으로 만든 반도체보다 100배 이상 빠릅니다. 또한 면적이 늘어나거나 휘어지더라도 전기적 성질이 변하지 않으며, 플라스틱처럼 유연성도 갖고 있습니다.

이러한 장점을 가진 그래핀은 산업 분야에서 어떻게 활용될 수 있을까요? 그래핀의 높은 강도를 활용하면 초경량 고강도 소재로 자동차 외장재나 항공기 부품을 만들 수 있고, 투명성과 유연성을 활용하면 투명 디스플레이나 휘어지는 디스플레이를 만들 수 있으며, 뛰어난 전도성을 활용하면 태양전지나 연료전지를 만들 수도 있습니다. 또한 독특한 전기적 성질을 활용하여 초고속 트랜지스터나 차세대 반도체 소자를 만들거나 높은 열전도성을 활용하여 방열 시트나 방열 패드를 만들 수도 있습니다. 그 뿐만이 아닙니다. 의복형 컴퓨터, 전자 종이, 야간 투시용 콘택트렌즈, 해수를 담수로 바꾸는 필터, LED 조명, 바이오메디컬 소재, 인쇄 전자 소재 등등 무궁무진한 잠재력을 가진 신소재로 널리 활용 가능합니다.

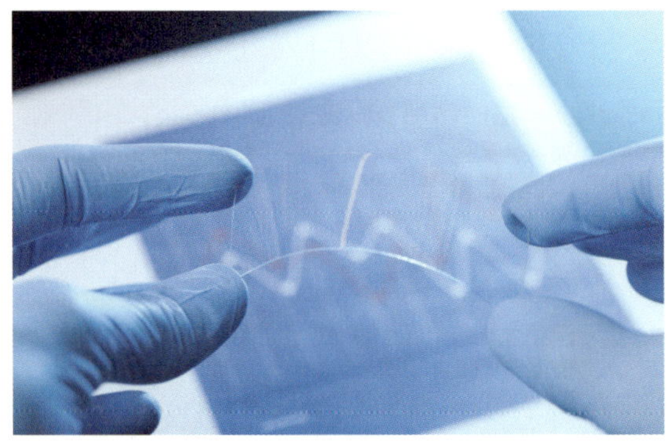

다시 말하지만 그래핀은 유연성, 투명성, 높은 열전도성, 화학적 안정성, 높은 전기 전도도(낮은 전기 저항), 우수한 강도 등 많은 장점을 가지고 있습니다. 물론 약간의 단점도 있습니다. 우선 대량 생산이 어렵고 생산 비용이 많이 든다는 것이 가장 큰 단점입니다. 제품의 수송과 저장이 어렵고, 전기적 신호로 전류의 흐름을 미세하게 제어하는 것이 어렵다는 것도 단점입니다. 그럼에도 불구하고 이런 단점을 훨씬 능가하는 장점이 있기에 그래핀을 꿈의 신소재로 부르는 것입니다.

탄소 나노 튜브는 그래핀이 원통 튜브 모양으로 말려 있는 구조입니다. 그러다 보니 그래핀과 여러모로 비슷한 특징을 가지고 있습니다. 공유 결합에 직접 참여하지 않는 전자가 존재하기 때문에 구리보다 열전도성이 높고 전기 전도성이 뛰어나며, 가벼우면서도 탄소 간의 공유 결합으로 인해 강도가 매우 높습니다. 단점도 그래핀과 거의 흡사합니다. 대량 생산이 어렵고 생산 비용이 많이 들며, 제품의 수송과 저장이 어렵고, 반도체처럼 전기적 성질을 변화시키기도 쉽지 않습니다. 현재 탄소 나노 튜브는 첨단 현미경의 탐침, 나노 핀셋, 금속이나 세라믹 혼합으로 강도를 높인 복합 재료, 전투기의 스텔스 기능을 가능케 하는 나노 코팅, 오염 물질을 측정하고 걸러 내는 센서나 정화 필터 등으로 이용되고 있습니다.

풀러렌은 탄소 60개가 축구공처럼 결합한 독특한 탄소 구조로 다양한 특징을 가지고 있습니다. 현재 풀러렌의 이런 특징을 활용하기 위해 여러 산업 분야에서 연구가 활발히 진행되고 있습니다.

먼저 의약 분야에서는 풀러렌 내부의 빈 공간을 활용하여 약물을 감싸고 운반하려는 연구를 하고 있습니다. 암이나 에이즈 등의 질병 치료를 위해 표적 세포에 정확하게 약물을 전달하는 것이 그 목적입니다. 풀러렌 내부의 빈 공간은 활성산소를 가두어 피부 노화를 방지하는 스킨 제품으로도 개발할 수 있으며, 전자 이동성이 높아 반도체나 초전도체로도 활용 가능성이 있습니다. 풀러렌은 강한 동시에 안정된 성질도 가지고 있어 고온 및 고압을 잘 견딜 수 있습니다. 이를 이용해 바이오, 환경, 항공 등과 같은 분야에서도 충분히 활용될 수 있습니다. 풀러렌은 아직 상용화 단계는 아니지만 혁신적인 신소재로서 잠재력을 인정받고 있습니다.

어떻습니까? 물론 세상에서 가장 가치가 높은 보석이 다이아몬드일지 모르지만 연필심 정도로만 치부하던 흑연이 이토록 고부가가치를 창출해 내는 신소재의 보물 창고라는 사실이 정말 놀랍지 않나요?

파리 올림픽 태권도 그래핀 도복

나는 농구 마니아 불꽃 남자로서 2024년 제33회 파리올림픽의 관심사는 오직 우리나라 금메달 경기와 미국 농구 드림팀 경기뿐이었습니다. 그런데 미처 챙겨 보지 못해 민망한 일이 있었습니다. 바로 모교 KAIST 신소재공학과 김상욱 교수님께서 가능케 한 대한민국 세계태권도연맹 시범단의 시연이 그것이었습니다. 내가 민망할 수밖에 없었던 이유는 두 가지입니다. 일단 이 세계적인 행사에 모교 교수님의 업적이 직접 투영되고 있는 장면을 놓친 것이고, 또 하나는 이 도복이 강의할 때마다 항상 강조했던 신소재 그래핀 소재였기 때문입니다. 이 중요한 이슈를 실시간으로 챙겨 보지 못했다니 아무리 여름방학 시즌이라 강의로 바빴다고는 하지만 부끄러움을 금할 수가 없네요.

사실 김상욱 교수님은 홈쇼핑에서 6개월 만에 600만 개나 판매된 그래핀 칫솔로 이미 널리 알려진 분입니다. 교수님은 2000년대 초반부터 그래핀 연구에 매진한 대한민국 그래핀 연구의 대표 주자입니다. 교수님께서 보유하고 있는 액정성 산화그래핀 원천소재 특허는 여러 신소재 분야에 사용될 수 있는 원천 기술로 정평이 나 있습니다. 산화그래핀은 탈취, 방균, 세균 박멸 등의 항균 특성뿐 아니라 원적외선 발생 및 정전기 방지 등 다양한 부가 기능도 가지고 있습니다. 또한 용액 공정이 용이하고 대량 생산이 가능해 그래핀 제품 상용화에 큰 기여를 할 것으로 기대하고 있습니다. 앞서 말했듯이 그래핀의 단점은 대량 생산이 어렵고 생산 비용이 많이 든다는 것입니다. 그러니 공정이 쉽고 대량 생산이 가능하다는 것은 상당한 장점이

김상욱 KAIST 교수가 그래핀이 적용된 극세사를 들어 보이고 있다(왼쪽).
개발한 그래핀 섬유로 목은정 한복 디자이너가 제작한 대한민국 태권도 시범단 도복(오른쪽)
(자료제공: KAIST)

아닐 수 없습니다. 김상욱 교수님은 이 기술을 활용하여 세계 최초로 '그래핀 칫솔' 상용화에 성공했습니다. 미세모 안에 그래핀이 박혀 있어 일반 칫솔보다 훨씬 뛰어난 탄성력과 세정력과 내구성을 갖춘 그래핀 칫솔은 불과 1년 만에 1000만 개나 판매될 정도로 인기몰이를 하고 있습니다.

김상욱 교수님이 그래핀 칫솔에 뒤이어 상용화에 성공한 것은 그래핀을 적용한 의류 그래핀텍스입니다. 그래핀텍스는 그래핀 고유의 특성으로 우수한 내구성과 뛰어난 열전도성과 항균 및 탈취 기능 등을 가지고 있습니다. 또한 기능성 소재이면서 어떤 색상이든 천연색에 가깝게 표현할 수 있습니다.

2024 파리올림픽에서는 대한민국 태권도 시범단이 이 '그래핀'으로 만든 도복을 입고 무대에 올라 세간의 이목을 끌었습니다. 태권도 시범단이 굳이 그래핀으로 만든 도복을 입고 공연을 펼친 데에는 이유가 있습니다. 도복에 사용된 그레핀텍스는 의료기 수준의 원적외선 방사 기능을 갖춰 고강

도 운동 이후에도 피로 회복에 도움을 줄 수 있습니다. 뿐만 아니라 강력한 항균력과 항취 기능으로 땀 냄새를 최대한 억제할 수 있어 스포츠 분야에서 특히 큰 잠재력을 가지고 있습니다. 이러한 탁월한 소재를 전 세계인 앞에 선보였다는 점에서 의미가 깊지요.

2024 파리 올림픽에서 세계태권도연맹 시범단이 그랑팔레 경기장에서 공중 격파 시범을 선보이고 있다. (자료제공: 그래핀올)

2024 파리 올림픽에서 세계태권도연맹 시범단이 그랑팔레 경기장에서 한국 전통 식의 공식도복을 입고 공연하고 있다. (자료제공-그래핀올)

☑ 원자의 구성

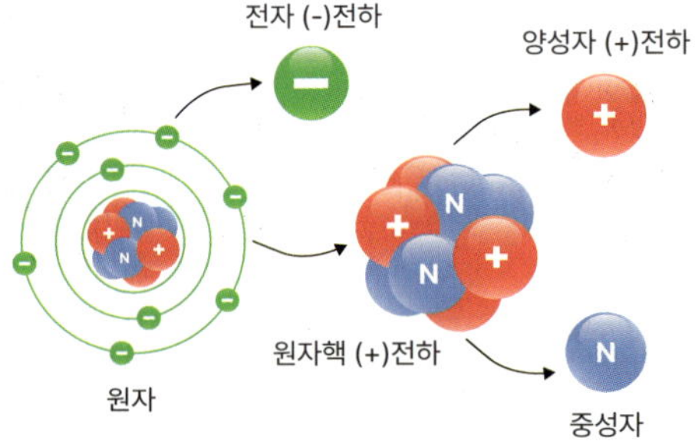

☑ 원소의 표시 방법

☑ 현대 주기율표

족(group)

- 주기율표의 세로줄로 1족~18족 존재
- 같은 족에 속하면 원자가 전자 수가 같아 화학적 성질 비슷

주기(period)

- 주기율표의 가로줄로 1~7주기 존재
- 같은 주기의 원소는 전자가 들어 있는 전자껍질 수 동일

☑ 보어의 원자 모형과 스펙트럼

① 전자가 낮은 에너지 준위(원자핵에서 가까운 전자껍질)에서 높은 에너지 준위(원자핵에서 먼 전자껍질)로 이동할 때 그 차이만큼 에너지 흡수

② 전자가 높은 에너지 준위(원자핵에서 먼 전자껍질)에서 낮은 에너지 준위(원자핵에서 가까운 전자껍질)로 이동할 때 그 차이만큼 에너지 방출

☑ 비활성 기체

① 비금속이지만 반응성이 매우 낮고 안정한 18족에 속한 원소
② 최외각 전자껍질에 전자가 가득 채워져 안정한 전자 배치
③ 원자가 전자 : 0개

☑ 옥텟 규칙

전자를 잃거나 얻어서 최외각 껍질의 전자가 8개가 되려는 경향성

☑ 이온 결합 Vs 공유 결합

	이온 결합	공유 결합
성분 원소	금속 + 비금속	비금속 + 비금속
구성 입자	양이온 + 음이온	핵 + 공유 전자쌍
전기 전도성	고(×) 액(○) 수용액(○)	고(×) (예외 : 흑연, 그래핀, 탄소 나노 튜브, 풀러렌) 액(×) 수용액(×) (예외 : HCl, NH_3)
상온에서의 상태	고체	기체, 액체, 고체 다양함
물에 녹는 정도	대체로 잘 녹음	다양함
녹는점과 끓는점	높음	대부분 이온 결합 물질보다 낮음 (예외 : 다이아몬드, 흑연 등의 원자 결정은 매우 높음)

☑ 전자쌍 반발 원리

① 분자에서 중심 원자 주변의 전자쌍들은 (−) 전하를 띠고 있어 정전기적으로 반발하므로 가능한 멀리 떨어지려 하는데 이에 따라 분자의 구조가 결정됨

② 비공유−비공유 전자쌍 사이의 반발력 〉 공유−비공유 전자쌍 사이의 반발력 〉 공유−공유 전자쌍 사이의 반발력

→ 비공유 전자쌍이 상대적으로 더 많은 공간을 차지

☑ 다이아몬드 Vs 흑연

	다이아몬드	흑연
구조 모형		
C 1개 당 공유 결합 수	4개	3개
결합 모양	정사면체 모양	정육각형 모양
구조	그물 구조	층상 구조
전기 전도성	×	○

☑ p형 반도체와 n형 반도체

p형 반도체

- 원자가 전자가 4개인 실리콘(Si), 저마늄(Ge)과 같은 순수 반도체 + 원자가 전자가 3개인 13족 원소 붕소(B), 인듐(In), 갈륨(Ga) 등을 도핑
- 전하 운반자 : 양공

n형 반도체

- 원자가 전자가 4개인 실리콘(Si), 저마늄(Ge)과 같은 순수 반도체 + 원자가 전자가 5개인 15족 원소 인(P), 비소(As), 안티모니(Sb) 등을 도핑
- 전하 운반자 : 자유 전자

	다이오드	발광 다이오드 (LED)	유기 발광 다이오드(OLED)	트랜지스터
정의	p형과 n형 반도체를 접합한 소자	전류가 흐를 때 빛을 방출하는 소자	유기물의 얇은 필름으로 만든 발광 다이오드	p형 반도체와 n형 반도체를 p-n-p 또는 n-p-n의 순서로 붙여 놓은 전기 소자
특징	전류를 한 쪽 반향으로만 흐르게 하는 정류 작용	결합하는 원소의 종류에 따라 방출하는 빛이 색이 다르며 특히 백색 LED등은 조명용으로 사용	얇고 가볍게 만들 수 있으며 휘어지게 만들 수 있다.	증폭 작용 및 스위치 작용
이용	교류를 직류로 바꾸는 전기 부품	각종 영상 표시 장치, 조명 장치 등	휘어지는 디스플레이, 휘어지는 조명 등	약한 신호를 큰 신호로 바꾸는 증폭기나 신호가 1과 0으로 구성된 디지털 회로 제작에 이용

☑ 그래핀 Vs 탄소 나노 튜브 Vs 풀러렌

	그래핀	탄소 나노 튜브	풀러렌
구조	탄소원자 육각형 배열 평면 구조인 흑연에서 한 층만 벗겨 내어 펼친 평면 구조	그래핀이 원통 튜브 모양으로 말려 있는 구조	탄소 60개가 축구공처럼 결합한 구조
특징	탄소와 탄소의 공유 결합에 참여하지 않은 전자들을 가지고 있어 기존의 실리콘으로 만든 반도체보다 전자의 이동 속도가 100배 이상 빠르고, 면적이 늘어나거나 휘어지더라도 전기적 성질이 변하지 않음	구리보다 열전도성이 높고 전기 전도성이 뛰어나며, 가벼우면서도 강도가 매우 높음	내부에 빈 공간이 있어 금속 원자를 넣거나 의약품을 넣어 운반하는 역할
단점	대량 생산이 어렵고 생산 비용이 많이 들며, 제품의 수송과 저장이 어려움 반도체처럼 전기적 성질을 변화시키기 어려움	대량 생산이 어렵고 생산 비용이 많이 들며, 제품의 수송과 저장이 어려움 반도체처럼 전기적 성질을 변화시키기 어려움	
이용	휘어지는 디스플레이의 투명한 전극 소재, 의복형 컴퓨터, 전자 종이, 야간 투시용 콘택트 렌즈, 차세대 반도체 소재, 초경량 고강도 소재, 해수를 담수로 바꾸는 필터, 에너지 전극 소재, 배터리 소재, 생체 조직, 방열 소재, 태양 전지, 초고속 트랜지스터, 발광 다이오드(LED) 조명, 바이오메디컬 소재 등	첨단 현미경의 탐침, 나노 핀셋, 금속이나 세라믹과 섞어 강도를 높인 복합 재료, 레이더파까지 흡수하므로 감시망에 걸리지 않는 전투기 도료, 오염 물질을 측정하고 걸러 내는 센서나 정화 필터 등으로 이용됨	반도체, 초전도체, 의료, 항공 등 다양한 분야 활용 연구 진행 중

세포는 열심히 정보를 전달하고 있지

형질 발현의 핵심, DNA

"어디에서 오셨어요?"

흔히 듣는 질문이죠. 여러분은 어떤 대답을 하시나요? 갓 고등학교에 들어간 학생은 출신 중학교나 살고 있는 동네를 말할 겁니다. 해외여행에서는 국적을 묻는 말로 들리죠. 스포츠 경기나 이벤트 행사에서는 소속을 묻는 것처럼 느껴집니다. 가끔 정신 나간 소리를 하는 친구에게 '도대체 어디에서 오셨어요?'라고 타박을 주기도 하지요.

어디에서 왔냐, 이 질문에는 깊디깊은 사회적, 철학적, 과학적 의미가 있는 것 같습니다. 인간은 어디에서 왔을까요? 우주의 물질이 뭉쳐져 별이 만들어지고, 별에서 합성된 다양한 원소들이 모여서 지구라는 행성에서 생명체가 탄생했지요. 어떻게 물질이 생명이 될 수 있었던 걸까요?

인간이 지금 모습을 갖추기까지, 다양한 형태와 기능을 가진 수많은 생명체를 거쳐 왔어요. 어떤 것은 내다버리고 어떤 것은 갖고 와서 번식을 통해 진화해 왔습니다. 가장 중요했던 것은 유전자 정보를 잘 저장해서 복제하고 구현하는 시스템을 갖추는 것이었습니다. 바로 DNA, RNA, 단백질로 이어지는 분자 체계가 그것이고 핵심은 DNA이지요. 여기에서 그 이야기를 하고자 합니다.

어떡하다 인간은 지금의 모습이 되었고, 나는 왜 부모님의 모습을 닮을 수밖에 없는지, 유전자를 공부하는 것은 크게는 생명의 탐구이지만 자신의 정체성을 찾아가는 일이기도 해요. 인간에게 유의미한 유전자 전달체계를 베껴서 내보내고 그걸 또 번역하고 암호를 풀면서 말이지요.

익힐 개념!
☆ 아미노산
☆ 단백질의 구조
☆ 단백질의 기능
☆ 뉴클레오타이드
☆ DNA와 RNA 구조
☆ DNA와 RNA 기능
☆ 유전자

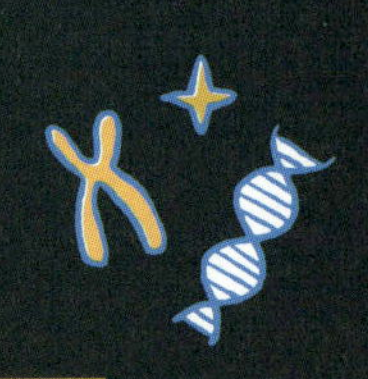

단백질이
이렇게 중요할 줄이야!

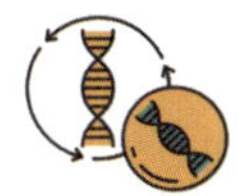

아미노산

우유, 계란, 감자의 공통점이 있을까요? 단백질? 감자를 단백질로 여기고 먹는 사람은 많지 않을 것 같군요. 이 세 식품은 아미노산을 풍부하게 함유하고 있는 반면, 식품에 존재하지 않아 체내에서 원활한 단백질 합성을 방해하는 제한 아미노산은 없는 식품으로 알려져 있습니다. 우리 몸에서 단백질을 합성하는 데 관여하는 아미노산은 모두 20가지입니다. 식품을 통해서만 공급받을 수 있는 필수 아미노산이 부족하면 단백질을 제대로 합성할 수 없지요. 우유, 계란, 감자는 아주 우수한 단백질 공급원이라 할 수 있어요.

육류나 계란 같은 식품을 섭취하면 우리 몸에서는 펩신, 트립신,

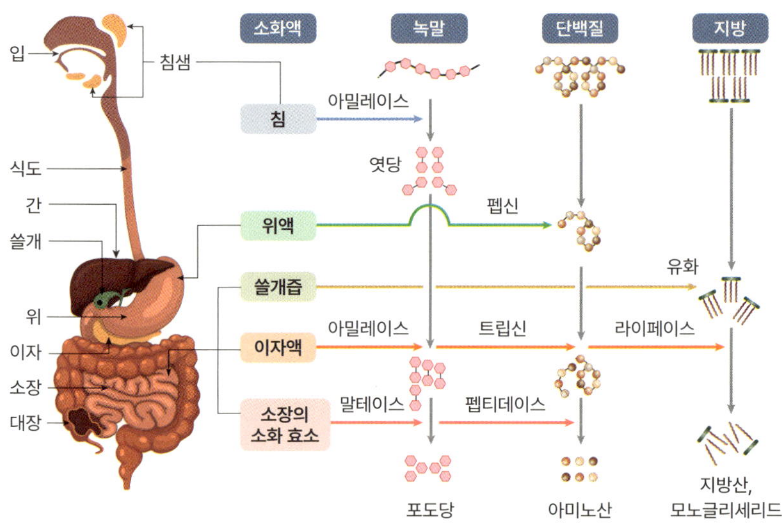

펩티데이스 등의 소화 효소가 분비되어 단백질 분해가 이루어집니다.

단백질은 고분자 물질이라 직접 흡수가 되기 어려워요. 그래서 여러 소화 효소의 도움을 받아 소장 융털의 모세혈관에서 직접 흡수될 수 있는 아미노산으로 분해가 이뤄집니다.

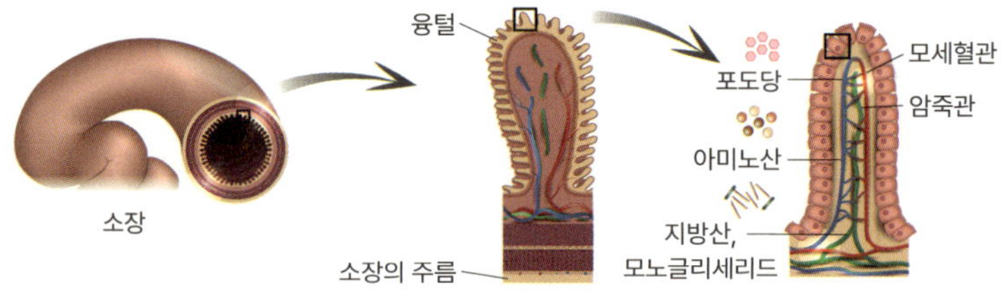

아미노산이 중요한 것은 단백질을 구성하는 기본 단위이기 때문입니다. 단백질은 조직의 성장과 유지에 꼭 필요하며, 호르몬과

효소와 항체의 구성 성분이기도 합니다. 기본적으로 아미노산은 다음과 같은 구조를 갖고 있어요.

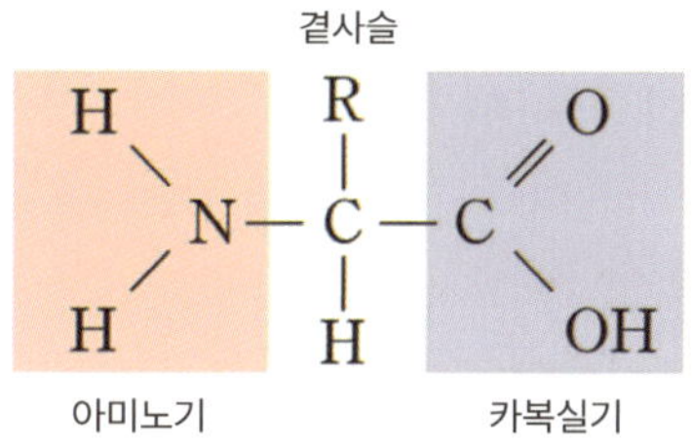

지구상 생물의 단백질 합성에 사용되는 아미노산의 종류는 20가지입니다. 기본 구조는 같지만 곁사슬의 종류에 따라 서로 다른 아미노산이 존재하며, 각각 다른 화학적 특성을 나타냅니다.

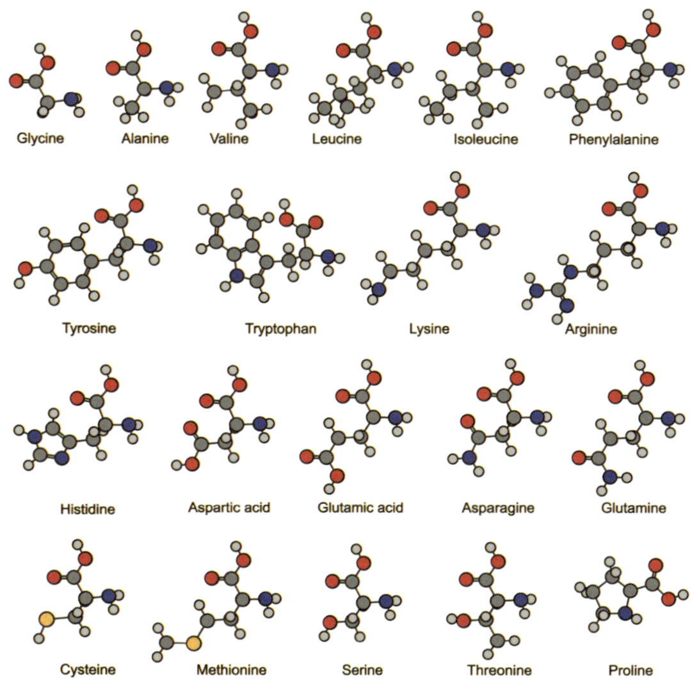

단백질과 같은 고분자 물질이 만들어지기 위해서는 단위체인 아미노산이 계속 연결되어야 합니다. 단위체라는 단어가 계속 등장할 텐데 여기서는 '단위체는 아미노산이다'라고 기억하면 됩니다. 단백질이 집이라면 단위체인 아미노산은 벽돌과 같은 존재랍니다.

이런 단위체 결합에서는 아미노산과 아미노산 사이에서 물 분자 1개가 빠져나오면서 결합이 형성되는데, 이를 펩타이드 결합이라고 합니다. 그리고 많은 수의 아미노산이 펩타이드 결합으로 연결되어 긴 사슬을 형성하는데, 이것은 폴리펩타이드polypeptide라고 부릅니다. 그래서 흔히 단백질을 폴리펩타이드라고 부르기도 하지만 엄밀히 말하면 두 단어가 정확히 같다고 보기는 힘듭니다. **펩타이드 결합은 물 분자가 빠져나가며 카복실기의 C와 아미노기의 N 사이에 새로 형성되는 공유 결합의 일종입니다.**

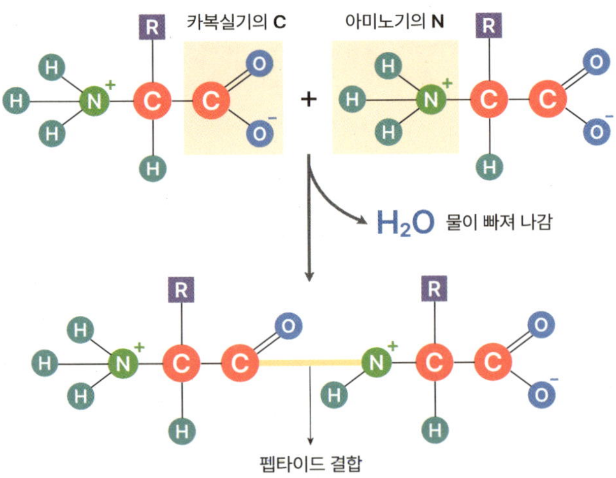

유전과 관련하여 말하자면, 핵산이 갖고 있는 유전정보에 따라 효소를 비롯한 다양한 단백질이 합성되고, 이 단백질에 의해 다양한 형질이 나타납니다. 즉 단백질을 암호화하는 유전자의 염기 서열에 따라 아미노산의 종류와 서열이 결정되는데, 이에 따라 단백질의 입체 구조가 결정되면서 다양한 생물학적 구조와 기능도 결정되는 겁니다.

단백질의 구조

꼬이고 접히면서 목걸이를 만드는 것

앞에서 단백질과 폴리펩타이드라는 단어가 정확히 같다고 보기 힘들다는 말을 했습니다. 이는 폴리펩타이드가 생성된 후 좀 더 입체적으로 꼬이고 접혀야 단백질의 구조가 완성되며, 이 구조에 따라 단백질의 기능이 제대로 발현될 수 있기 때문입니다. 그렇다면 단백질의 구조는 어떻게 형성되는 걸까요?

구슬이 서 말이라도 꿰어야 보배라는 속담이 있습니다. 여기서 아미노산은 구슬, 단백질은 보배에 해당한다고 할 수 있습니다. 값비싼 재료의 구슬을 하나하나 꿰어 연결했다고 가정해 보죠. 당연히 그것이 하나의 구슬보다 값어치가 더 나가겠죠. 이 상태가 폴리펩타이드입니다. 이렇게 연결된 사슬을 디자이너가 가공하여 명품 목걸이를 만들면 그게 바로 단백질입니다.

생물체를 구성하는 각양각색의 단백질들은 20가지 아미노산이 백여 개에서 수천여 개씩 다양한 순서로 결합하여 만들어집니다. 즉, 여러 아미노산이 결합하여 형성된 아미노산 사슬이 나선 또는 병풍 모양으로 접히거나 회전하고, 이것이 다시 휘거나 비틀려서 입체 구조가 만들어지는 것입니다. 이런 입체 구조가 여러 개 모여 하나의 단백질을 형성하고 그 기능도 이 입체 구조에 의해 결정됩니다.

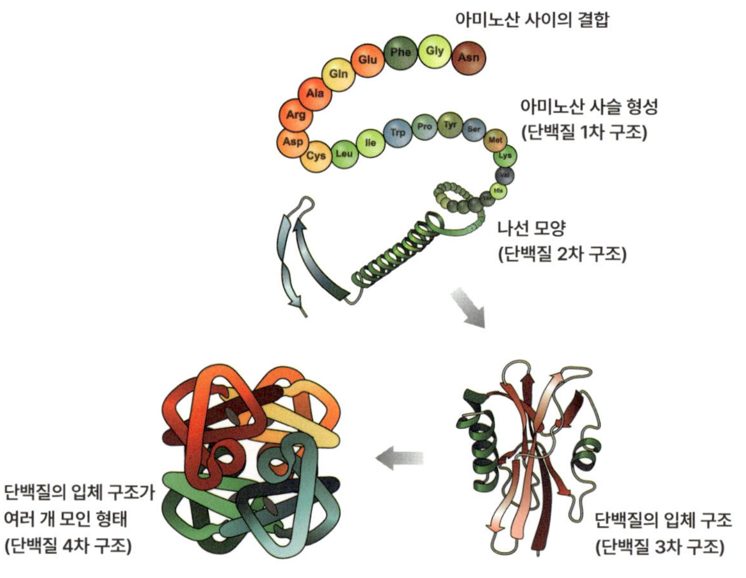

단백질의 입체 구조는 1차, 2차, 3차, 4차 구조로 구분할 수 있습니다.

단백질의 1차 구조는 아미노산이 펩타이드 결합에 의해 쭉 일렬로 배열된 것입니다. 구슬이 드디어 실로 꿰어지기 시작한 것으로 보면 됩니다.

단백질의 2차 구조는 단백질의 1차 구조가 펩타이드 결합 사이의 수소결합으로 인해 꼬이거나 접혀서 나타나는 구조입니다. 알파 나선 구조와 베타 병풍 구조 두 가지 타입이 있습니다. 알파와 베타의 구조를 결정하는 것은 수소결합입니다. 생명체 내에서는 수소결합이라는 분자 간 인력에 의해 입체 구조가 형성되는 경우가 빈번합니다.

단백질의 3차 구조는 단백질의 2차 구조 위에 여러 가지 상호작용으로 입체 구조가 형성되어 만들어집니다. 예를 들면 이황화 결합, 소수성기 상호작용, 정전기적 인력 등의 작용이 있습니다. 우리 몸에서 생성된 단백질 3차 구조로는 근육이 붉은색을 띠게 하는 마이오글로빈이 대표적입니다.

단백질의 4차 구조는 두 개 이상의 3차 구조가 모여서 만들어진 거대 분자 구조입니다. 4차 구조의 예로는 적혈구의 구성 성분으로 산소 운반에 직접적으로 관여하는 헤모글로빈이 대표적입니다. 헤모글로빈은 폐포와 같이 산소 포화도가 높은 곳에서는 산소와 결합하고, 산소가 필요한 우리 체내의 조직세포에서는 산소와 해리되는 방식으로 산소가 필요한 조직에 산소를 운반해 주는 역할을 합니다.

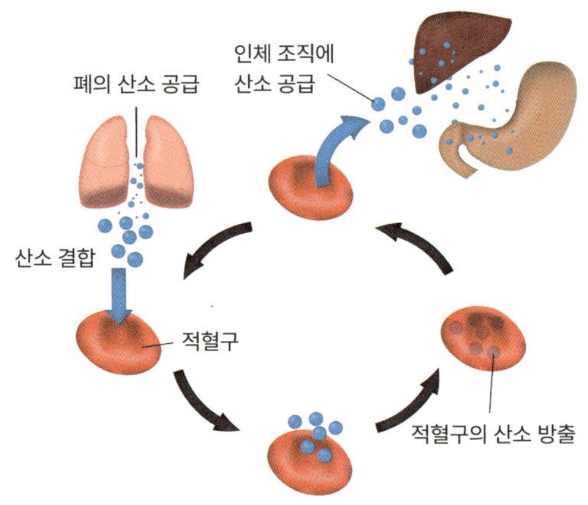

단백질의 입체 구조가 형성되는 과정을 종합해 보면 다음 그림과 같습니다.

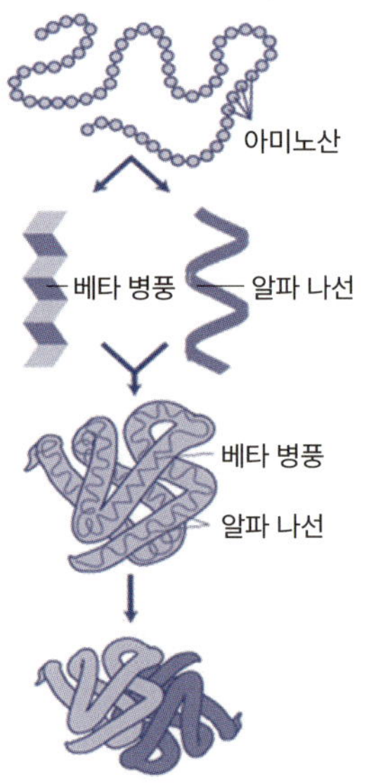

1차 구조
아미노산의 배열 순서

2차 구조
아미노산들 간의 수소 결합으로 인해
반복되는 패턴으로 접혀 알파 나선,
베타 병풍 구조를 이룸

3차 구조
아미노산 잔기들의 상호작용으로 인해
2차 구조가 더욱 접혀져
3차원 구조를 이룸

4차 구조
2개 이상의 폴리펩타이드는
4차 구조를 형성

폴리펩타이드
많은 아미노산이 펩타이드 결합으로
연결되어 긴 사슬 모양을 이룬 것

이렇게 수많은 종류의 단백질들이 서로 다른 구조와 기능을 갖게 되는 것은 아미노산의 종류와 수, 배열 순서에 따라 단백질의 입체 구조가 달라지기 때문입니다. 구슬이라는 아미노산을 꿰는 줄이 입체 구조입니다. 어떻게 꿰느냐에 따라 전혀 다른 보배가 되는 거죠. 입체 구조에 따라 기능이 결정되어 다양한 종류의 단백질이 형성되는 것입니다. 예를 들어 산소 운반을 촉진하는 단백질인 헤모글로빈과 피부에 탄력을 제공하는 단백질인 콜라젠도 단위체인 아미노산의 종류와 수, 배열순서가 서로 다르기 때문에 전혀 다른 입체 구조와 기능을 갖습니다.

아래 그림과 같이 산소를 운반하는 역할을 하는 헤모글로빈은 구형 단백질 4개가 결합한 형태이지만, 피부 등의 조직을 묶어 지탱하는 역할을 하는 콜라젠은 3개의 섬유 모양 단백질이 결합한 형태로 구조부터 다릅니다. 입체 구조가 다르면 기능까지 달라지는 게 당연하지요.

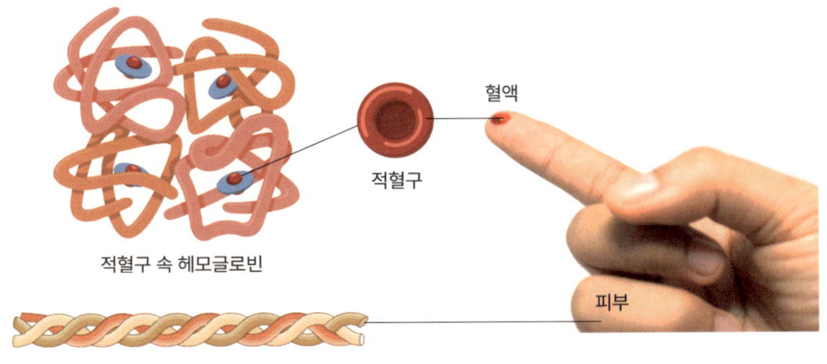

단백질의 기능

피부와 혈액을 만드는 데 주요한 역할을 하는 단백질은 하루에 얼마나 필요할까요? 영국의 BBC 뉴스가 보도한 바에 따르면 앉아서 일하는 성인은 몸무게 1kg 당 0.8을 곱한 값이 필요하다고 합니다. 60kg이라면 48g의 단백질은 섭취해 줘야 한다는 거예요.

몸짱으로 유명한 사람들은 종종 오늘 아침에 즉석 고등어구이에 계란프라이 하나 밥에 올려 김이랑 먹고 나왔다고 말합니다. 그러면서 자신이 단백질 러버라는 말을 항상 덧붙입니다. 단백질 러버! 기억할 만한 말이에요. 우리 몸은 단백질이 반드시 필요하고, 지속적으로 적절하게 공급을 받아야 하기 때문입니다.

단백질은 생명체의 세포와 조직을 구성하는 기본적인 성분입니다. 근육, 내장, 내장, 뼈, 피부, 머리카락 등이 단백질로 구성되어 있습니다. 따라서 유아동기에서 청소년기까지 성장이 진행되는 동안은 단백질을 그 무엇보다 충분히 섭취해야 합니다.

성장 호르몬의 주성분도 단백질입니다. 호르몬은 우리 몸에서 생명 활동 또는 생리 작용을 조절하는 역할을 합니다. 호르몬이 과다하거나 부족하면 질병을 일으킬 수 있기에 체내에서 적절한 양의 호르몬이 분비되어야 합니다. 우리 몸에서 다양한 기능을 하는 호르몬을 정리해 보면 다음 그림과 같습니다.

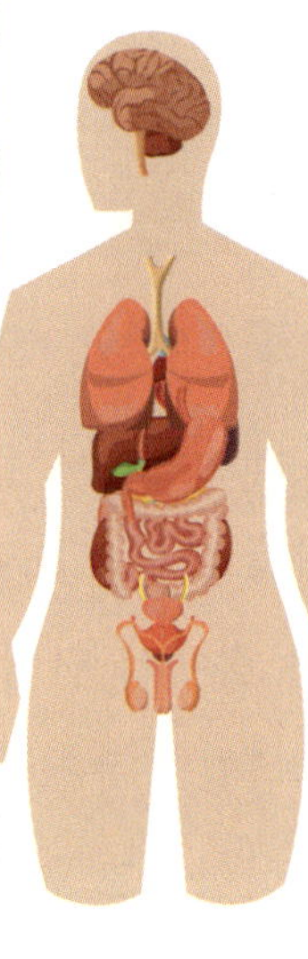

단백질은 물질대사를 촉진하는 효소의 주성분이기도 합니다. 물질대사는 생명체에서 일어나는 모든 화학 반응을 일컫는 말입니다. 세포는 물질대사를 통해 물질을 분해하여 에너지를 얻고, 세포를 구성하거나 생리작용을 조절하는 물질 등을 합성합니다. 이런 물질대사에 단계별로 관여하여 그 속도를 높여 주는 촉매제 역할을 하는 것이 바로 효소입니다. 즉, 우리 몸에서 발생하는 모든 화학 반응은 단백질로 구성된 효소가 있어야 정상적으로 이루어질 수 있습니다.

뉴클레오타이드

우리는 앞에서 아미노산의 종류와 수, 배열 순서에 따라 단백질의 구조가 결정되고, 이 구조에 따라 단백질의 기능이 결정됨을 이해했습니다. 아미노산의 배열 순서는 DNA의 염기 서열에 담겨 있고, RNA로 전사되어 라이보솜에서 단백질 합성이 이루어집니다. 여기서 DNA와 RNA처럼 생명의 유전정보를 기록하는 설계도와 같은 역할을 하는 것을 핵산이라고 합니다. 그리고 이 핵산의 기본 단위가 바로 뉴클레오타이드입니다.

뉴클레오타이드는 인산, 당, 염기가 1:1:1로 결합되어 있는데, 그 구조는 아래와 같습니다.

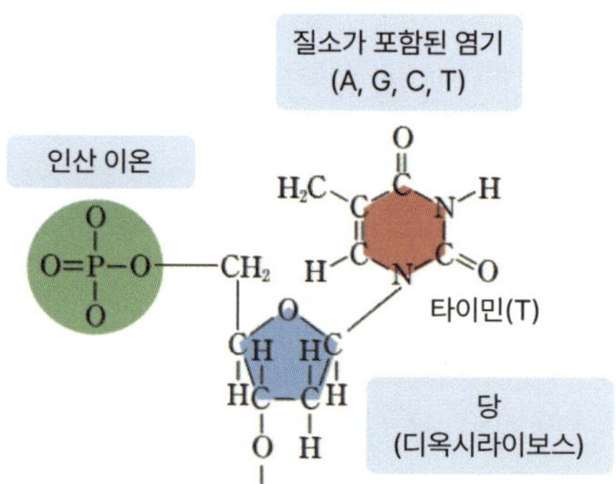

【 DNA 뉴클레오타이드 】

인산은 DNA와 RNA에 공통으로 들어 있으니, 당부터 한번 살펴볼까요? 뉴클레오타이드를 구성하는 당에는 라이보스와 디옥시라이보스의 2종류가 있습니다. 여기서 라이보스를 가지고 있는 뉴클레오타이드로 이루어진 핵산이 RNA, 디옥시라이보스를 가지고 있는 뉴클레오타이드로 이루어진 핵산이 DNA입니다. 즉, 이 당의 종류에 따라 DNA와 RNA가 결정되는 겁니다. 라이보스와 디옥시라이보스의 구조는 다음과 같습니다.

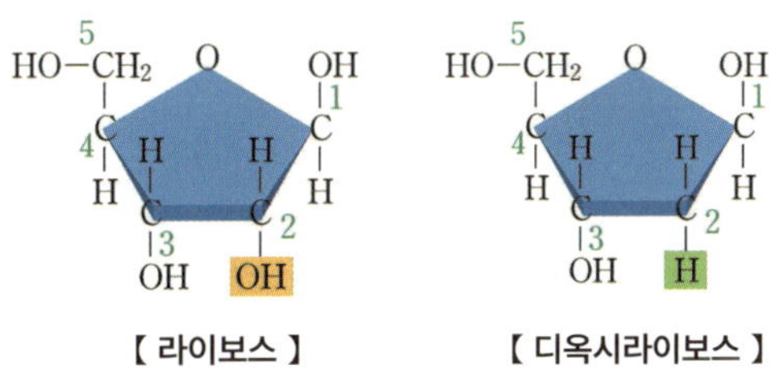

【 라이보스 】　　　　【 디옥시라이보스 】

　두 당이 어디서 차이가 나는지 보이나요? 라이보스와 디옥시라이보스의 구조는 거의 같습니다. 2번 탄소에 붙어 있는 OH와 H의 차이만 있을 뿐이죠. 라이보스는 영어로 Ribose, 디옥시라이보스는 영어로 Deoxyribose로 표기합니다. Deoxyribose는 Ribose라는 단어 앞에 Deoxy라는 접두사가 붙어 있는데요. oxy는 oxygen, 즉 산소를 의미하고 그 앞의 De는 주로 '역방향, 부정, 분리, 또는 반대'라는 의미를 나타내는 접두사이니 라이보스에서 산소를 분리한 것이 디옥시라이보스라는 것을 알 수 있었습니다. 이렇게 영어 단어만 해석해도 이 복잡한 당의 구조 차이를 바로 알아볼 수 있답니다.

이번에는 염기에 대해 알아볼까요? DNA에는 염기로 아데닌 (A), 타이민(T), 구아닌(G), 사이토신(C)의 4종류가 있으며, RNA 에는 타이민(T) 대신에 유라실(U)이 있습니다. 염기의 구조는 아 래 그림과 같습니다.

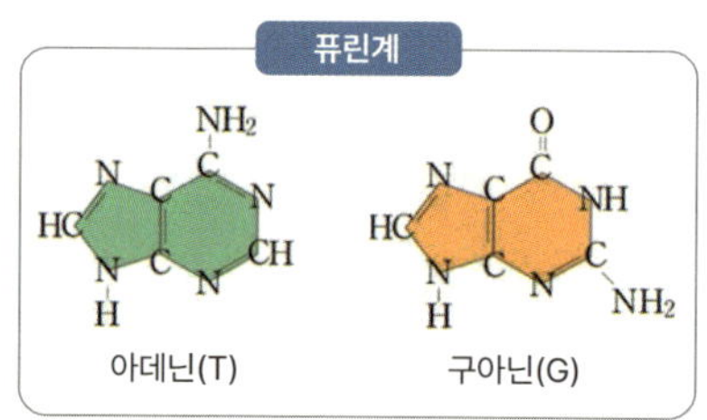

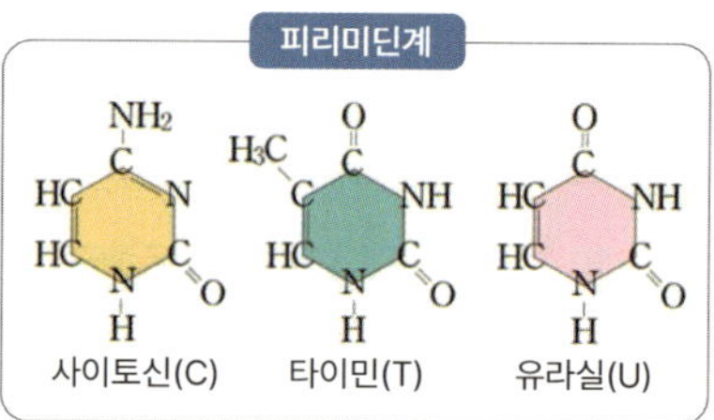

결국 뉴클레오타이드의 구조를 살펴보면 인산은 DNA와 RNA 공통이고, 당은 DNA의 경우 디옥시라이보스, RNA의 경우 라이보 스만 사용합니다. 그리고 염기는 4가지 핵심 염기 종류에서 DNA 와 RNA의 차이가 있습니다. 그렇다면 유전 물질인 DNA와 RNA 에서 유전정보는 어디에 숨겨져 있을까요? 나중에 자세히 다루겠 지만 유전정보는 염기의 배열 순서에 들어 있습니다. 염기의 배열 순서에 따라 아미노산의 배열 순서가 결정되고, 아미노산의 배열 순서에 따라 단백질의 구조가 결정됩니다. 그리고 이런 단백질의 구조에 따라 단백질의 여러 기능이 결정됩니다.

DNA와 RNA의 구조

그렇다면 이러한 뉴클레오타이드들은 어떻게 결합해 커다란 DNA나 RNA와 같은 고분자 물질을 이룰 수 있는 걸까요? 앞에서 단백질의 경우 아미노산 간에 펩타이드 결합이 형성되어 폴리펩타이드를 형성한 후 다양한 상호작용에 의해 꼬이고 접혀서 구조가 완성된다고 했습니다.

핵산도 비슷합니다. 뉴클레오타이드들 간에 결합이 형성되어 점점 사이즈가 커지는 식인 거죠. DNA에 4종, RNA에도 4종의 뉴클레오타이드가 있어 이 4종류의 뉴클레오타이드가 아래 그림과 같이 결합하여 폴리뉴클레오타이드를 만듭니다. 여기서 뉴클레오타이드 앞에 붙은 poly라는 접두사는 '많은, 여러 개의'라는 의미이므로 여러 뉴클레오타이드가 결합하여 연결되었다고 생각하면 되겠죠.

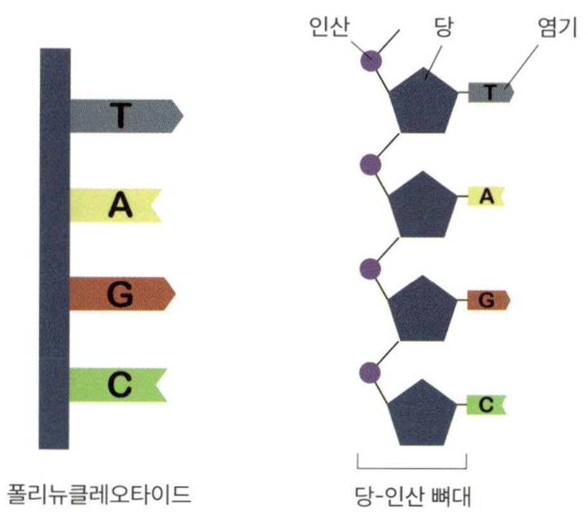

위 그림은 아미노산 간에 펩타이드 결합이 형성될 때처럼 첫 번째 뉴클레오타이드의 당과 두 번째 뉴클레오타이드의 인산 사이에서 물 분자가 하나 빠져 나가 공유 결합이 형성되면서 두 뉴클레오타이드가 서로 연결되는 과정을 보여준 것입니다. 어떤 염기를 가진 뉴클레오타이드가 결합되는가에 따라 폴리뉴클레오타이드의 염기 서열이 결정됩니다. 그리고 이에 따라 다양한 염기 서열을 가진 폴리뉴클레오타이드가 형성됩니다.

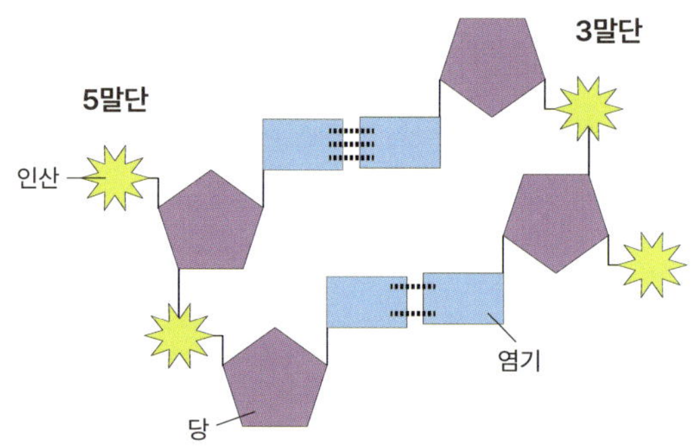

DNA와 RNA는 구조 상 큰 차이가 있습니다. RNA는 1가닥의 폴리뉴클레오타이드로 이루어진 단일 가닥 구조를 가지고 있는 반면 DNA는 2가닥의 폴리뉴클레오타이드가 서로 다른 염기 사이에서 짝을 이루어 결합하는 이중나선 구조를 가지고 있습니다.

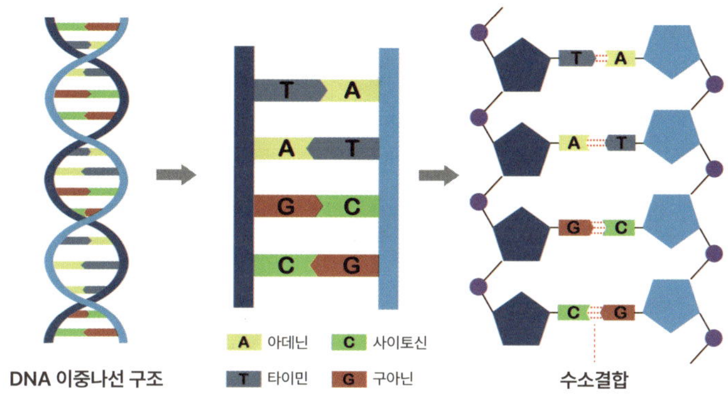

　여기서 DNA 구조의 경우 수소결합 덕분에 매우 안정적입니다. 화학에서 수소결합은 N(질소), O(산소), F(플루오린) 등 전기 음성도가 강하고 크기가 작은 2주기 원소와 이웃한 분자의 수소 원자 사이에서 형성됩니다. 넓은 의미의 정전기적 인력으로 일종의 분자 간 인력(분자 사이에 끌어당기는 힘)을 뜻합니다. 일반적으로 화학에서 결합이라고 하면, 원자 간 공유 결합이나 이온 간 이온 결합을 먼저 떠올리는데, 수소결합은 분자 간 인력으로 이들 결합과는 사뭇 다른 개념입니다. 수소 원자의 경우 원자핵 주위에 한 개의 전자만 있어 질소, 산소, 플루오린 같이 전기음성도가 큰 원자와의 결합에 그 전자를 사용하면 상대 원자에 이끌려 부분 양전하를 띠면서 부분 음전하가 형성된 상대 전자를 끌어당기는 정전기적 인력이 작용하게 되는 것입니다.

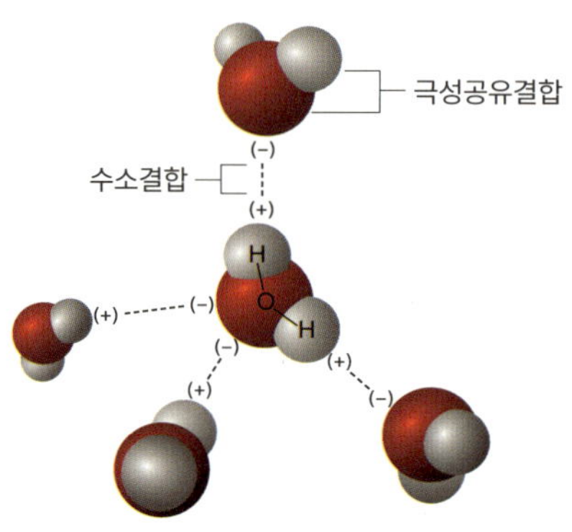

위 그림은 물 분자를 예시로 든 것입니다. 물 분자가 만들어질 때에는 전기음성도 차이로 인해 부분 양전하를 띤 수소 원자와 부분 음전하를 가진 산소 원자 사이에 강한 정전기적 인력이 작용합니다. 이러한 분자 간 상호작용이 수소결합입니다. 수소결합을 하는 물질은 그 상호작용의 세기가 수소결합을 하지 않는 분자보다 매우 강하기 때문에 분자량이 비슷한 다른 분자들에 비해 녹는점과 끓는점이 높고, 융해열과 기화열이 큰 성질을 갖게 됩니다.

DNA 구조를 형성하는 데 있어서도 이 수소결합이 매우 중요한 역할을 합니다. DNA는 2가닥의 폴리뉴클레오타이드가 서로 짝을 이루어 결합한 다음 나선형으로 꼬여 이중나선 구조를 만듭니다. 2가닥의 폴리뉴클레오타이드가 결합할 때 A(아데닌)는 항상 T(타이민)와 G(구아닌)는 항상 C(사이토신)와 짝을 이루게 됩니다. 이런 결합 방식을 상보 결합이라고 하는데, 이것이 바로 수소결합입니다. 그래서 상보적 수소결합이라고 부르기도 합니다.

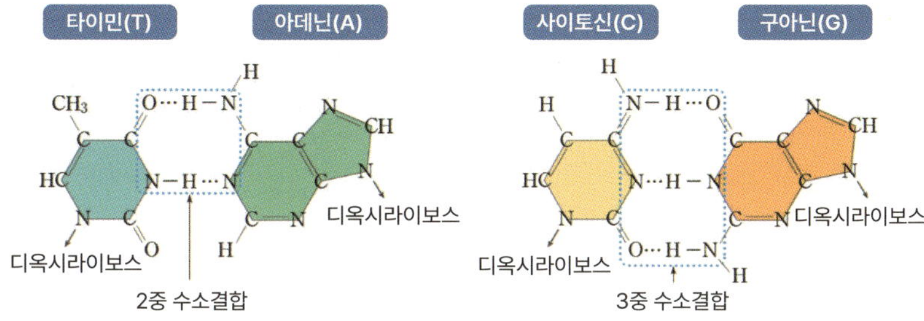

아마 레고를 모르는 사람은 없겠죠? 레고는 다양한 종류의 블록을 조합해 사용자가 원하는 것을 만들 수 있는 제품인데 거의 지금은 고유명사처럼 쓰이죠. 끼워 맞추는 조립식 장난감류를 거의 다 레고라고 부릅니다. 레고 블록을 조립할 때에는 레고 블록끼리 정확하게 맞물려 떨어져야 원하는 모양으로 결합이 됩니다. 그래서 덴마크에 있는 레고 본사에서는 각각의 레고 조각을 정확한 크기뿐만 아니라 두 조각이 맞물릴 때 단단히 끼워지면서 또 쉽게 분리할 수 있도록 만들고 있어요. 그러기 위해 레고 블록을 제조하는 기계들을 10마이크로미터 정도의 오차율밖에 없을 정도로 정확성을 높이는 데 초점을 맞춘다고 하죠. 아데닌(A)이 항상 타이민(T)과 수소결합하고, 구아닌(G)이 항상 사이토신(C)과 수소결합을 할 때에도 마찬가지예요. 각각의 염기 구조 상 그래야만 수소결합이 제대로 형성되며 정확하게 맞물릴 수 있기 때문입니다.

두 가닥의 폴리뉴클레오타이드가 염기 간에 상보적 수소결합을 통해 결합하면 다음과 같은 DNA 구조가 만들어집니다.

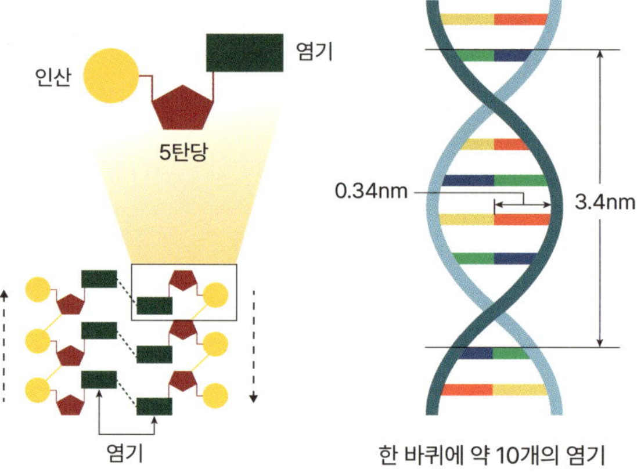

DNA 구조에서 인산과 당은 바깥쪽, 염기는 안쪽에 배열되게 됩니다. 단일 사슬 구조의 RNA와는 달리 DNA는 두 가닥의 폴리뉴클레오타이드가 서로 결합해야 합니다. 그래서 DNA의 경우 뉴클레오타이드의 당-인산 공유 결합으로 두 가닥의 폴리뉴클레오타이드를 형성한 후 아데닌(A)은 타이민(T), 구아닌(G)은 사이토신(C)과 상보적 수소결합하는 방식으로 입체 구조를 형성하게 됩니다.

DNA 구조의 발견은 20세기 최고의 과학적 발견으로 추대받을 정도로 생명과학사에 엄청난 반향을 불러일으켰습니다. 1953년 4월 25일 과학전문지 '네이처'에 실린 〈DNA의 이중나선 구조 발견〉이라는 900자 남짓의 짧은 논문은 이후 인간게놈프로젝트까지 DNA 연구를 폭발적으로 증가시키는 촉매제가 됩니다. 현재 DNA는 생명공학에서 IT 분야까지 안 쓰이는 곳이 없을 정도로 널리 활용되고 있습니다.

DNA 이중나선 구조의 숨겨진 공로

1953년 4월 25일, 과학저널 〈네이처〉에 짧은 논문 한 편이 발표되었습니다. 본문은 1페이지 분량밖에 되지 않았지만 그곳에 실린 DNA 이중나선 구조도는 생명과학계에서 가장 놀라운 발견 중 하나였습니다. DNA 이중나선 구조를 발견한 이 논문의 주인공은 미국의 제임스 왓슨과 영국의 프랜시스 크릭이었습니다.

당시 생명과학 연구자들은 DNA에 유전정보가 담겨 있다는 사실을 이미 알고 있었습니다. 그래서 DNA의 구조를 밝혀내는 것이 가장 시급한 과제로 연구자들 간에 경쟁이 치열했습니다. 그 중 선두주자는 영국 킹스 칼리지에서 X선 회절 사진을 통해 DNA를 연구하던 모리스 윌킨스와 로잘린드 프랭클린이었습니다. 로잘린드 프랭클린이 100시간에 걸쳐 찍은 51번 사진은 DNA 이중나선 구조의 신비를 밝혀 줄 결정적인 단서였습니다. 그런데 완벽주의자였던 프랭클린이 사진 공개를 미루던 사이에 그녀와 사이가 좋지 않았던 동료 연구자 윌킨스를 통해 사진이 몰래 유출되는 사건이 발생합니다. 윌킨스가 친구인 왓슨에게 그 사진을 보여주고 관련 데이터까지 제공했던 것입니다. 결정적 단서를 얻은 왓슨과 크릭은 마침내 나선형 모형을 만드는 데 성공합니다. 그렇게 세상을 떠들썩하게 만든 DNA 이중나선 구조 모형이 탄생했습니다. 후발주자였던 케임브리지대 캐번디시 연구소의 왓슨과 크릭이 경쟁자를 따돌리고 역사상 가장 중요한 발견을 한 순간이기도 했습니다.

1962년 12월, 제임스 왓슨과 프랜시스 크릭과 모리스 윌킨스는 DNA 이중나선 구조를 밝힌 공로로 노벨상을 수상했습니다. 하지만 이 과정에 결정적인 역할을 한 프랭클린은 그 무대에 함께 하지 못했습니다. 이 때문에 여성과학자로서 차별을 당한 대표적인 사례로 자주 언급되기도 합니다만 지금은 그 공로를 널리 인정받고 있습니다. 영국 정부에서는 그녀의 이름을 딴 '로잘린드 프랭클린 상'을 제정하여 해마다 여성 과학자들에게 수여하고 있습니다.

DNA와 RNA 기능

DNA는 유전정보 저장, RNA는 전달 및 단백질 합성에 관여

한 마디로 정의하자면 DNA는 유전정보 저장, RNA는 유전정보 전달 및 단백질 합성에 관여하는 기능을 합니다. DNA의 경우 A, G, C, T의 염기를 가진 4종류의 뉴클레오타이드가 다양한 순서로 결합하여 염기 서열이 다양한 DNA가 만들어지며, 뉴클레오타이드의 결합 순서에 따라 DNA의 염기 서열이 달라져 다양한 유전정보가 저장될 수 있습니다. 그리고 이렇게 저장된 유전정보에 따라 단백질이 합성되고, 합성된 단백질은 생명 현상을 조절하는 효소와 호르몬의 주성분이 되어 생명 현상을 유지하고 조절하는 데 핵심적인 역할을 하게 되는 겁니다. 국가로 따지면 대통령과 같은 역할을 하는 셈입니다. 또한 히스톤 단백질과 함께 세포 분열 시 나타나는 염색체를 구성하는 역할도 합니다.

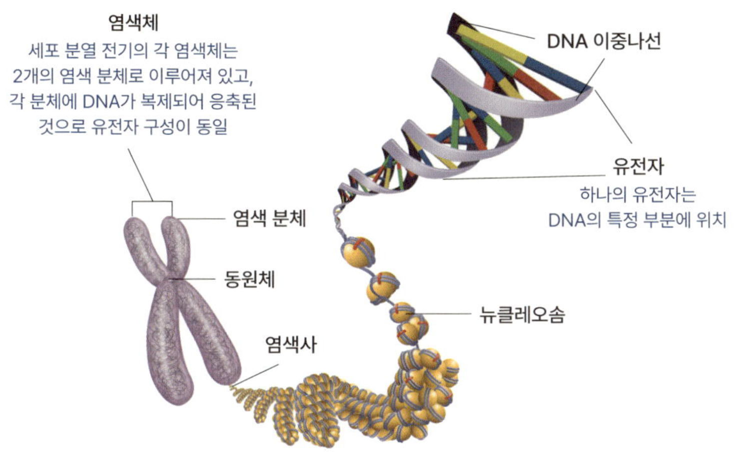

한편 RNA는 DNA가 가지고 있는 유전정보에 따라 필요한 단백질을 합성할 때 유전정보를 전달하거나 단백질 합성 과정에 직접 작용하는 기능을 합니다. RNA에는 mRNA(messenger RNA), tRNA(transfer RNA), rRNA(ribosomal RNA) 3가지가 있는데, 각각 기능이 조금 다릅니다.

DNA는 핵 속에 들어 있으나 단백질 합성은 세포질의 라이보솜이라는 세포 내 소기관에서 일어납니다. 이 과정에서 mRNA는 DNA의 유전정보를 세포질로 전달하여 단백질 합성이 일어날 수 있도록 하는 역할을 합니다. 그리고 tRNA는 단백질 합성 과정에서 mRNA에 저장된 유전정보에 따라 아미노산을 라이보솜으로 운반합니다. rRNA는 단백질과 결합하여 단백질 합성을 담당하는 세포 소기관인 라이보솜을 만드는 역할을 합니다.

말하자면 라이보솜이라는 공장에서 최종 완제품으로 단백질을 만들어 내기까지 DNA와 RNA가 관여하는 것입니다. 이렇게 비유할 수 있습니다. 먼저 DNA는 제품의 설계자입니다. DNA가 만든 설계도면을 공장으로 전달하는 것은 mRNA입니다. 공장에서 아미노산이라는 재료를 운반해 주는 것은 tRNA입니다. 그리고 설계도면과 재료를 가지고 단백질을 만들어 내는 공장은 라이보솜입니다. 결론적으로 DNA는 유전정보를 보관하는 역할을 하며, RNA는 이 정보를 전달하고 활용하여 단백질 합성을 이끌어내는 역할을 하는 것입니다.

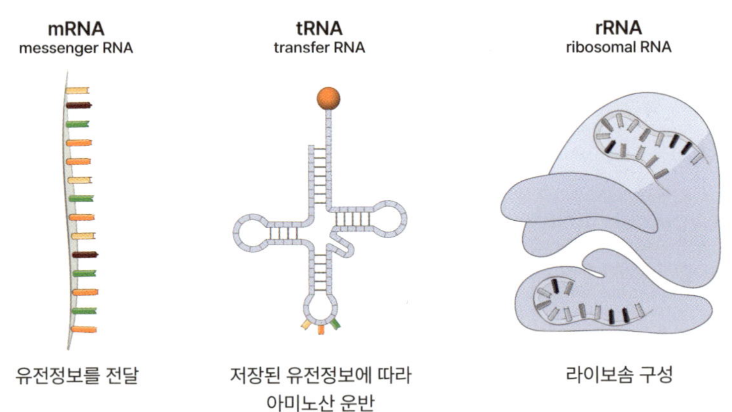

DNA와 RNA를 비교해 보면 다음과 같습니다.

DNA	구분	RNA	
이중나선	구조	단일 가닥	
디옥시라이보스		라이보스	
A, G, C, T	염기의 종류	A, G, C, U	
유전정보 저장	기능	유전정보의 전달 및 단백질 합성에 관여	
핵	위치	핵 → 세포질	

유전자

유전자는 DNA 염기 서열에서 단백질이나 RNA를 만들 수 있는 단위로 유전정보가 저장된 DNA의 특정 부분을 일컫는 말입니다. 즉, 특정한 기능을 나타낼 수 있는 DNA 염기 서열의 그룹을 뜻하는 것입니다.

인간게놈프로젝트에 의해 밝혀진 바에 따르면, 인간은 약 2만 ~2만5천 개의 단백질 유전자를 가지고 있습니다. 결국 생물의 형질을 결정하는 유전정보는 세포 핵 속의 DNA에 저장되어 있고, 각 유전자에는 특정 단백질에 대한 정보가 저장되어 있는 겁니다.

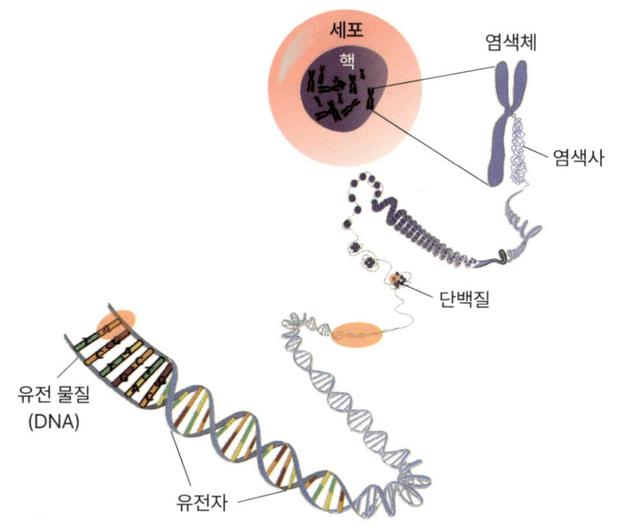

그런데 위 그림처럼 DNA는 따로 존재하는 것이 아니라 염색사 또는 염색체의 구성 성분으로 존재합니다. 염색체는 세포 분열 시기에 형성됩니다. 세포가 분열하지 않는 간기에는 실 모양의 염색사로 존재하다가 세포가 분열할 때 염색사가 더욱 꼬이고 응축되어 염색체를 형성합니다. 2중 나선 구조의 DNA는 히스톤 단백질을 휘감아 뉴클레오솜이라는 염색체의 기본 단위를 형성합니다. 뉴클레오솜과 뉴클레오솜은 DNA로 이어져 있죠.

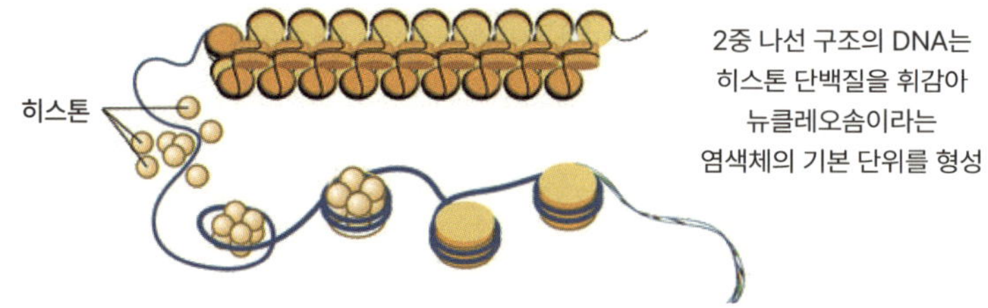

결국 유전자는 DNA의 특정 부위에 위치하는데 DNA가 응축되어 염색체가 되므로, DNA의 특정 부위에 존재하는 유전자는 염색체의 특정 위치에 존재한다고 말할 수 있습니다. 그래서 염색체 위에 유전자를 표시하는 것이 가능합니다.

생물은 유전자의 유전정보에 따라 효소를 비롯한 다양한 단백질을 합성하고, 이 단백질에 의해 다양한 형질이 나타나게 됩니다. 그래서 유전자가 다르면 합성되는 단백질에 차이가 생겨 형질도 다르게 발현됩니다. 단백질이 우리 몸에서 물질대사 촉진, 생리 기능 조절, 면역 작용, 운반 작용 등 다양한 기능을 할 수 있는 것 역시 DNA의 유전정보에 따라 적합한 기능을 할 수 있도록 우리 몸에서 합성되기 때문입니다.

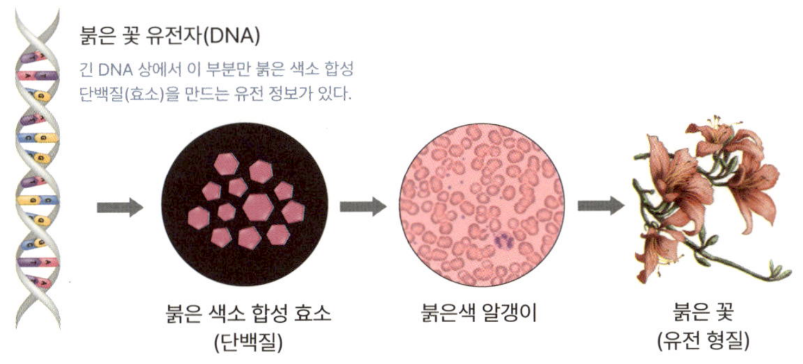

위 그림은 붉은 꽃 유전자에 의해 붉은 꽃 형질이 발현되는 과정을 나타낸 그림입니다. 흔히 붉은 꽃 유전자가 붉은 색소를 만들어 내므로 꽃이 붉게 보이게 된다고 생각하기 쉽지만 꼭 그런 것은 아닙니다. 왜냐 하면 DNA의 유전자는 단백질에 대한 정보만을 갖고 있기 때문입니다. 따라서 "붉은 꽃 유전자의 유전정보에 따라 붉은 색소 합성 효소(단백질)가 만들어지고, 이 붉은 색소 합성 효소(단백질)가 붉은 색소를 만들어 내기 때문에 꽃이 붉은 색 형질을 나타내게 된다."라는 설명이 더 정확할 수 있습니다.

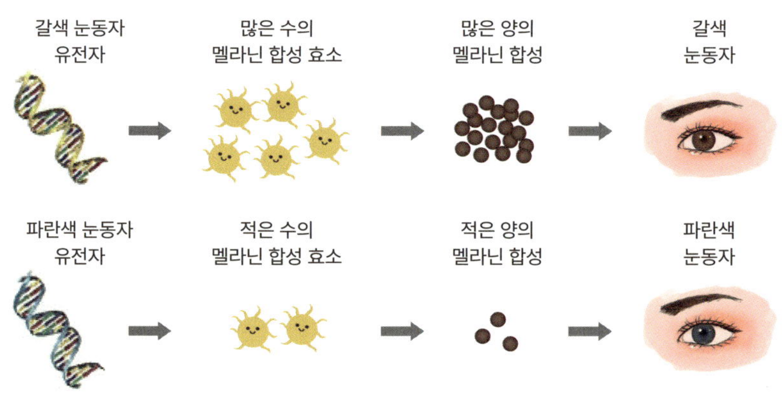

위 그림은 사람의 눈동자 색이 결정되는 과정을 나타낸 것입니다. 눈동자 색을 발현하는 유전자가 멜라닌 합성 효소(단백질)를 만들어 내고, 멜라닌 합성 효소(단백질)의 작용으로 멜라닌이 합성되어 눈동자 색이 나타나는 것입니다. 여기서 눈동자 색이 달라지는 것은 눈동자 색을 발현시키는 유전자가 만들어 내는 멜라닌 합성 효소의 양에 차이가 생기고, 이에 따라 합성되는 멜라닌의 양이 달라지기 때문입니다. 이처럼 유전자에 의해 합성되는 단백질의 종류가 같더라도 그 양의 차이에 따라 다른 형질이 발현될 수 있습니다.

혹시 백사白蛇, 백호白虎, 백록白鹿이라는 말을 들어 보셨나요? 한자어로 흰 뱀, 흰 호랑이, 흰 사슴을 뜻하는 단어입니다. 예로부터 우리 조상은 백호를 청룡靑龍, 주작朱雀, 현무玄武와 함께 사신四神 중 하나로 신성시하였습니다. 또한 백호白虎처럼, 하얀 사슴 곧 백록白鹿 역시 장생과 영생을 상징하는 신성하고 길한 징조로 여겼습니다.

그런데 이런 흰색 동물들은 과학적으로 보자면 신성한 존재가 아니라 멜라닌 색소의 부재로 나타나는 돌연변이일 뿐입니다. 동물의 조직에 있는 흑갈색의 색소인 멜라닌의 양에 따라 눈동자, 피부, 털 등의 색깔이 결정되므로 멜라닌이 존재하지 않는다면 이 동물은 흰색을 나타낼 수밖에 없게 되는 겁니다. 사슴의 경우에도 털색이 갈색을 띠는 과정이 DNA에 있는 유전자의 유전정보에 따라 멜라닌 합성 효소(단백질)가 합성되고, 이 효소의 작용으로 멜라닌이 합성되어 사슴의 털색이 갈색으로 나타납니다. 하지만 DNA에 있는 멜라닌 합성 효소 유전자에 이상이 생겨 멜라닌 합성 효소가 합성되지 않는 돌연변이가 발생하면 멜라닌이 생성되지 않기 때문에 사슴의 털색은 흰색을 띠게 됩니다. 유전자 돌연변이로 멜라닌이 형성되지 않는 이런 이상형질 발현을 흔히 백색증Albinism이라 부릅니다.

생명 중심 원리

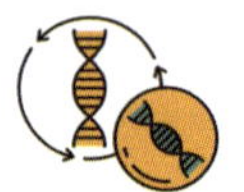

전사와 번역

생명 중심 원리는 DNA의 이중나선 구조를 발견한 사람 중 한 사람인 프랜시스 크릭이 1958년에 제안한 개념으로 세포 내에서 이루어지는 유전정보의 흐름을 설명하는 원리입니다. 생명 중심 원리의 등장과 함께 유전학, 분자 생물학 등의 학문이 비약적으로 발전하게 됩니다. 생명 중심 원리를 한 줄로 표현하면 다음과 같습니다.

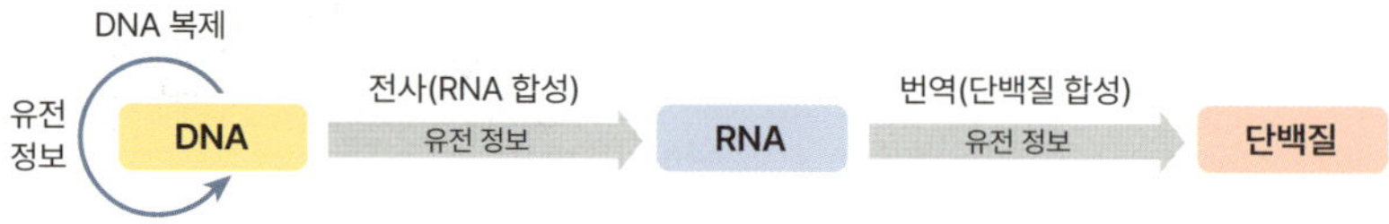

간단히 비유하자면 컴퓨터 하드 디스크 역할을 하는 DNA의 유전정보가 usb 역할을 하는 RNA를 거쳐 실제 작동하는 프로그램 역할을 하는 단백질로 전달되는 방식입니다. 하드 디스크는 소중하므로 보호하기 위해 잘 간직해 두고, usb에 정보를 옮겨 원하는 장소에서 프로그램을 돌려 필요한 작업을 수행한다고 볼 수 있죠. **이와 같이 DNA로부터 단백질이 만들어지는 과정을 유전자 발현이라고 합니다.**

유전자 발현은 크게 2단계로 이루어집니다. 1단계는 DNA의 유전정보가 RNA로 전달되는 과정으로 전사라고 합니다. 2단계는 전달된 유전정보를 가지고 단백질을 합성하는 과정으로 번역이라고 합니다.

사전적으로 전사는 '글이나 그림 따위를 옮기어 베낌'이라는 뜻이고, 번역은 '어떤 언어로 된 글을 다른 언어의 글로 옮김'이라는 뜻입니다. DNA와 RNA는 기본적으로 구조가 거의 비슷합니다. 그래서 **DNA의 유전정보를 RNA로 옮기는 과정은 그 정보를 그대로 베끼는 것이나 마찬가지입니다. 그래서 전사라고 하는 것입니다.**

한편 RNA는 4개의 염기로 구성되어 있지만 단백질은 아미노산으로 구성되어 있습니다. 쉽게 설명하자면 사용하는 언어가 서로 다른 것입니다. 그래서 **RNA의 염기의 언어가 단백질의 아미노산 언어로 바뀌는 과정을 번역이라고 부릅니다.**

전사의 과정은 핵 안에서, 번역의 과정은 세포질의 라이보솜에서 일어나는데 이는 유전정보의 원본인 DNA를 핵 속에 안전하게 보존하면서 RNA를 통해 세포질에 유전정보를 전달하여 단백질이 합성되도록 설계되어 있기 때문입니다.

전사는 유전정보의 청사진에 해당하는 DNA에 저장된 유전정보가 RNA로 전달되는 과정으로, 진핵생물의 경우 핵 속에서 일어납니다. 원핵생물은 세포 내에 핵막이 존재하지 않고 유전 물질이 세포질에 퍼져 있는 반면, 진핵생물은 핵막이 존재하여 세포질과 분리된 핵 속에 유전 물질이 들어 있습니다. 그래서 진핵생물의 경우 핵 속에서 전사가 일어나고, 번역은 세포질에서 일어나는 것입니다. 즉, 전사와 번역이 발생하는 장소가 따로 분리되어 있는 것입니다. 이것은 전사와 번역 과정에서 일어날 수 있는 오류를 줄여 주는 역할을 합니다. 반면 원핵생물의 경우 세포질에서 전사와 번역이 동시에 일어나므로 아무래도 진핵생물에 비해 이 과정에서 오류가 발생할 확률이 더 높습니다.

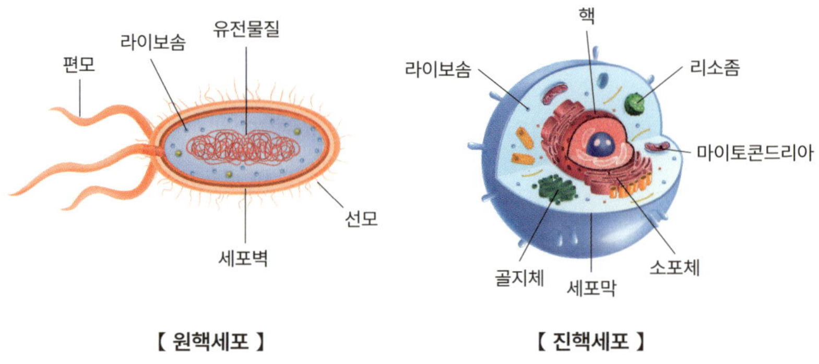

전사 과정은 DNA의 한 쪽 가닥을 주형으로 하여 DNA의 염기에 상보적인 염기를 가진 RNA 뉴클레오타이드가 결합하면서 일어납

니다. DNA 염기 서열에 상보적인 염기 서열을 가진 RNA가 합성되는 것입니다. DNA는 두 가닥으로 이루어져 있는데 유전정보는 한 가닥에만 들어 있습니다. 유전정보가 들어 있는 가닥은 주형, 유전정보가 들어 있지 않는 가닥은 비주형 가닥이라고 부릅니다.

전사가 일어날 때에는 DNA의 이중나선이 풀리고, 유전정보를 갖고 있는 한 가닥의 폴리뉴클레오타이드의 염기에 상보적인 염기를 가진 RNA 뉴클레오타이드가 하나씩 결합하여 RNA가 합성됩니다. DNA 구조에서는 아데닌(A)이 타이민(T), 구아닌(G)이 사이토신(C)와 상보적 수소결합을 합니다. 그런데 RNA에는 타이민(T)이 없고 유라실(U)이 있으므로 아데닌(A)에 상보적인 염기는 유라실(U)이 됩니다.

전사에 사용되는 DNA 가닥의 염기	A	G	C	T
전사 ↓	↓	↓	↓	↓
전사되는 RNA의 염기	U	C	G	A

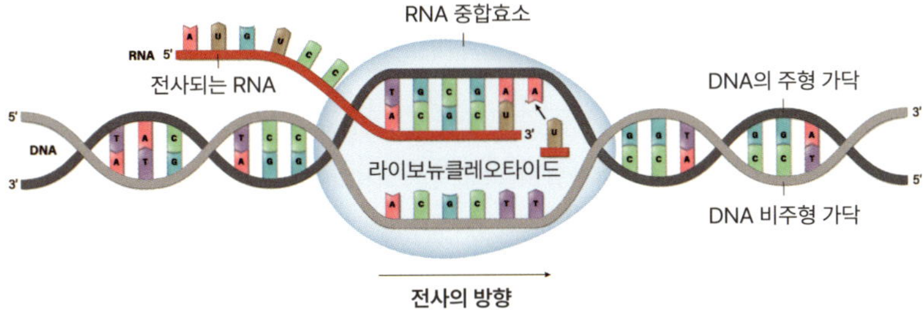

전사가 완료되면 합성된 RNA는 DNA로부터 분리되고, DNA의
두 가닥은 다시 이중나선을 형성합니다.

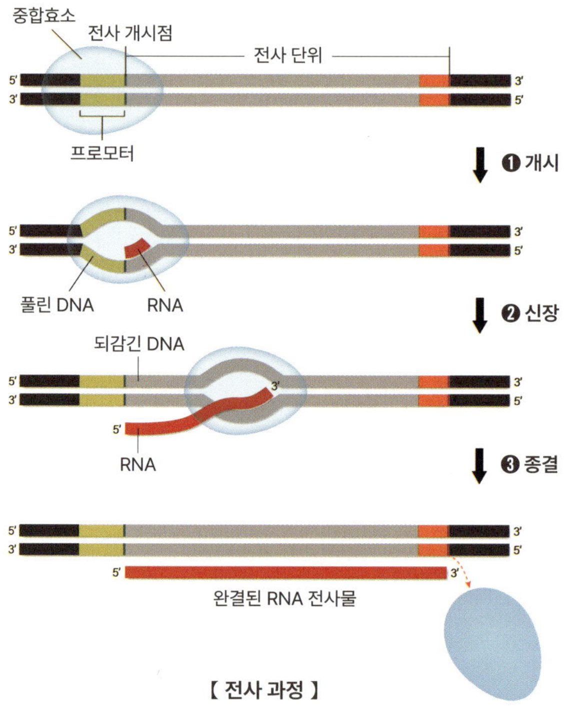

【 전사 과정 】

번역은 mRNA로부터 단백질을 합성하는 과정으로 전사에 비해
서는 과정이 매우 복잡합니다. 간단히 요약해 보면 전사된 mRNA
가 라이보솜에 결합하고, RNA의 코돈이 지정하는 아미노산이 라
이보솜으로 운반된 후 아미노산 간에 펩타이드 결합이 형성되어
단백질이 합성되는 과정이 번역인데요. 그런데 이를 이해하려면
먼저 유전 부호에 대한 개념이 필요합니다.

가모프의 가설

앞에서 이미 전사 과정을 설명했습니다. 전사 과정에서는 DNA 염기에 상보적인 염기를 가진 RNA 뉴클레오타이드가 하나씩 결합하여 mRNA가 만들어지므로 염기 외에 달리 고려해야 할 것이 별로 없습니다. 하지만 번역은 mRNA의 염기 서열에 따라 아미노산이 서로 결합한 단백질이 만들어져야 하므로 염기에서 아미노산으로 정보의 대상이 아예 바뀌게 됩니다. 우리 몸을 구성하는 단백질을 만드는 데에는 20가지의 아미노산이 필요합니다. 그런데 DNA의 염기는 4개인데 20가지의 아미노산에 유전정보를 어떻게 전달할 수 있는 걸까요?

조지 가모프George Gamow, 1904년~1968년, 러시아 출신 미국 천문학자는 이 궁금증을 해소하기 위해 다음과 같은 가설을 세웁니다. 만약에 한 개의 염기가 한 종류의 아미노산을 지정한다면 4종류의 아미노산 밖에 만들 수 없고, 2개의 염기가 암호가 된다면 서로 다른 아미노산을 지정할 수 있는 가능한 배열은 $16(4^2)$종류에 불과하므로 20종류의 아미노산의 배열을 결정하기에는 아직 부족합니다. 그렇다면 3개의 염기가 배열되어 아미노산을 지정하면 $64(4^3)$개의 조합이 가능하므로 지구상에 존재하는 모든 아미노산을 지정할 수 있습니다. 결국 이는 최소 3개 이상의 연속된 DNA 염기 서열이 하나의 아미노산을 지정한다는 사실을 예측할 수 있게 해 줍니다.

이를 가모프의 가설이라 하는데, 이후 다른 연구 결과들을 토대로 실제 DNA의 연속된 3개의 염기 서열이 하나의 아미노산을 지정하는 유전 부호라는 사실이 밝혀집니다. 이 하나의 아미노산을 지정하는 DNA의 연속된 3개의 염기 서열을 3염기 조합 또는 트리플렛 코드Triplet Code라고 하며, 이 트리플렛 코드를 상보적으로 전사한 mRNA의 연속된 3개의 염기 서열을 코돈Codon이라고 합니다. 즉, 코돈은 DNA와 상보적으로 전사된 것으로 아래와 같이 총 64종류가 있습니다.

<table>
<tr><td colspan="11" align="center">두 번째 염기</td></tr>
<tr><td></td><td colspan="2">U</td><td colspan="2">C</td><td colspan="2">A</td><td colspan="2">G</td><td></td></tr>
<tr><td rowspan="4">첫
번
째
염
기

U</td><td>UUU</td><td rowspan="2">페닐
알라닌</td><td>UCU</td><td rowspan="4">세린</td><td>UAU</td><td rowspan="2">타이로신</td><td>UGU</td><td rowspan="2">시스테인</td><td>U</td></tr>
<tr><td>UUC</td><td>UCC</td><td>UAC</td><td>UGC</td><td>C</td></tr>
<tr><td>UUA</td><td rowspan="2">류신</td><td>UCA</td><td>UAA</td><td>종결 코돈</td><td>UGA</td><td>종결 코돈</td><td>A</td></tr>
<tr><td>UUG</td><td>UCG</td><td>UAG</td><td>종결 코돈</td><td>UGG</td><td>트립토판</td><td>G</td></tr>
<tr><td rowspan="4">C</td><td>CUU</td><td rowspan="4">류신</td><td>CCU</td><td rowspan="4">프롤린</td><td>CAU</td><td rowspan="2">히스티딘</td><td>CGU</td><td rowspan="4">아르지닌</td><td>U</td></tr>
<tr><td>CUC</td><td>CCC</td><td>CAC</td><td>CGC</td><td>C</td></tr>
<tr><td>CUA</td><td>CCA</td><td>CAA</td><td rowspan="2">글루타민</td><td>CGA</td><td>A</td></tr>
<tr><td>CUG</td><td>CCG</td><td>CAG</td><td>CGG</td><td>G</td></tr>
<tr><td rowspan="4">A</td><td>AUU</td><td rowspan="3">아이소류신</td><td>ACU</td><td rowspan="4">트레오닌</td><td>AAU</td><td rowspan="2">아스파라긴</td><td>AGU</td><td rowspan="2">세린</td><td>U</td></tr>
<tr><td>AUC</td><td>ACC</td><td>AAC</td><td>AGC</td><td>C</td></tr>
<tr><td>AUA</td><td>ACA</td><td>AAA</td><td rowspan="2">라이신</td><td>AGA</td><td rowspan="2">아르지닌</td><td>A</td></tr>
<tr><td>AUG</td><td>개시 코돈
메싸이오닌</td><td>ACG</td><td>AAG</td><td>AGG</td><td>G</td></tr>
<tr><td rowspan="4">G</td><td>GUU</td><td rowspan="4">발린</td><td>GCU</td><td rowspan="4">알라닌</td><td>GAU</td><td rowspan="2">아스파트산</td><td>GGU</td><td rowspan="4">글라이신</td><td>U</td></tr>
<tr><td>GUC</td><td>GCC</td><td>GAC</td><td>GGC</td><td>C</td></tr>
<tr><td>GUA</td><td>GCA</td><td>GAA</td><td rowspan="2">글루탐산</td><td>GGA</td><td>A</td></tr>
<tr><td>GUG</td><td>GCG</td><td>GAG</td><td>GGG</td><td>G</td></tr>
</table>

【 코돈 조합표 】

　코돈은 아미노산을 지정하지만, 단백질 합성의 개시와 종결을 지정하는 코돈도 있습니다. AUG는 메싸이오닌을 지정하는 코돈이면서 동시에 단백질 합성을 제일 먼저 시작하는 개시 코돈입니다. 그리고 UAA, UAG, UGA는 가지고 있는 아미노산 정보가 없어 단백질 합성을 끝내라는 신호를 보내는 종결 코돈입니다. 결국 나머지 61종류의 코돈이 각기 한 종류의 아미노산을 지정하게 되는 겁니다. 여기서 하나의 코돈은 하나의 아미노산을 지정하는데 코돈은 64종류이고 아미노산은 20종류이므로 한 종류의 아미노산을 지정하는 코돈이 여러 종류가 있을 수도 있습니다. **번역의 과정은 항상 개시 코돈에서 시작되어 종결 코돈에서 끝납니다.**

　다음은 생명 중심 원리를 간단히 정리한 그림입니다.

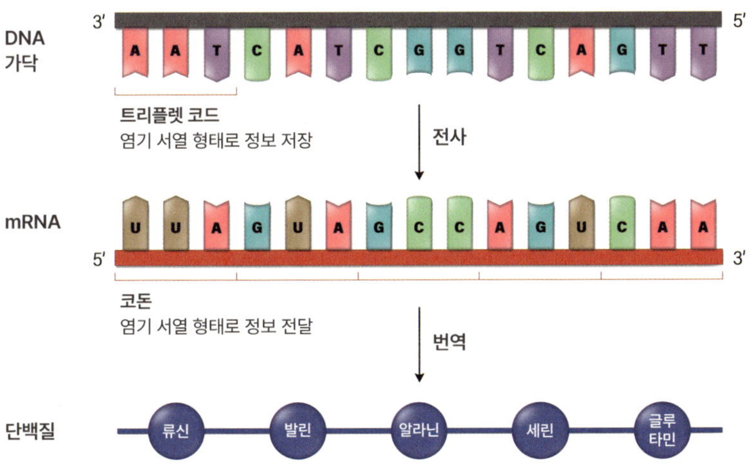

DNA 주형 가닥에서 3염기 조합(트리플렛 코드) AAT는 전사를 통해 mRNA의 코돈 UUA로 유전정보를 전달하고, mRNA의 코돈 UUA는 류신Leu이라는 아미노산을 지정해 유전정보가 전달됨을 보여 줍니다. 결국 DNA의 3염기 조합(트리플렛 코드)에 담긴 유전정보가 트립토판이라는 아미노산으로 전달되게 되는 거죠. 이러한 일련의 과정들을 거쳐 DNA의 염기 서열에 저장되어 있는 유전정보는 RNA를 거쳐 아미노산의 중합체인 단백질로 전달되는 겁니다.

어느 아미노산이 지정되는가는 앞에 보여 준 코돈표에 따른 코돈들이 결정합니다. 코돈표를 따로 외울 필요는 없어요. 물론 외운다면 말리지는 않겠지만, 여기서 우리가 기억할 것은 코돈표에 따라 번역 과정을 분석할 수 있다는 사실입니다.

단백질을 만드는 번역 과정

유전 부호에 발 맞춰 이동

mRNA의 코돈이 지정하는 아미노산은 tRNA가 운반해 주어 라이보솜으로 전달되고, 단백질을 이룹니다. tRNA에는 mRNA의 코돈과 상보적인 염기 서열을 갖는 안티코돈anticodon이라는 유전 부호가 있어요. 이 안티코돈으로 다시 유전정보가 전달되어 tRNA는 코돈이 지정하는 아미노산을 결합한 채로 라이보솜으로 이동하게 됩니다.

그 과정은 다음의 그림처럼 표현할 수 있습니다.

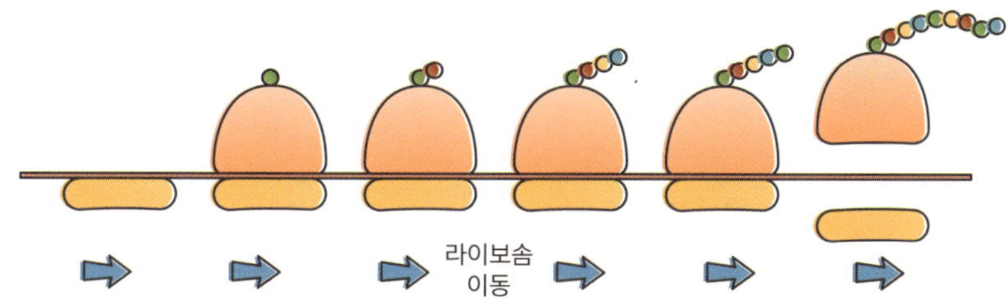

핵에서 전사된 mRNA는 세포질로 나와서 라이보솜의 소단위체와 결합을 하고, 라이보솜의 소단위체 내에 개시 tRNA가 메싸이오닌이라는 아미노산을 가지고 결합합니다. 여기에 라이보솜의 대단위체가 결합하면 번역이 계속해서 일어날 수 있도록 개시 과정이 완료됩니다. 그다음 두 번째 tRNA가 아미노산을 운반해 라이보솜의 다음 자리에 들어오면 이 tRNA가 운반해 온 아미노산이 효소의 도움을 받아 개시 코돈이 지정하는 메싸이오닌과 펩타이드 결합을 형성하게 됩니다.

이렇게 되면 흡사 기차가 레일을 따라 이동하듯이 라이보솜이 하나의 코돈만큼 mRNA를 따라 이동하게 되고, 앞자리에 있던 개시 tRNA는 이동 후 라이보솜을 빠져나가게 됩니다. 이어서 세 번째 tRNA가 라이보솜의 다음 자리에 들어오게 되면 앞의 과정이 반복되면서 계속 폴리펩타이드가 형성되게 되는 거죠. 즉, **RNA의 코돈이 지정하는 아미노산을 tRNA가 차례대로 라이보솜으로 운반하고, 아미노산 사이에 펩타이드 결합이 형성되어 유전정보에 따라**

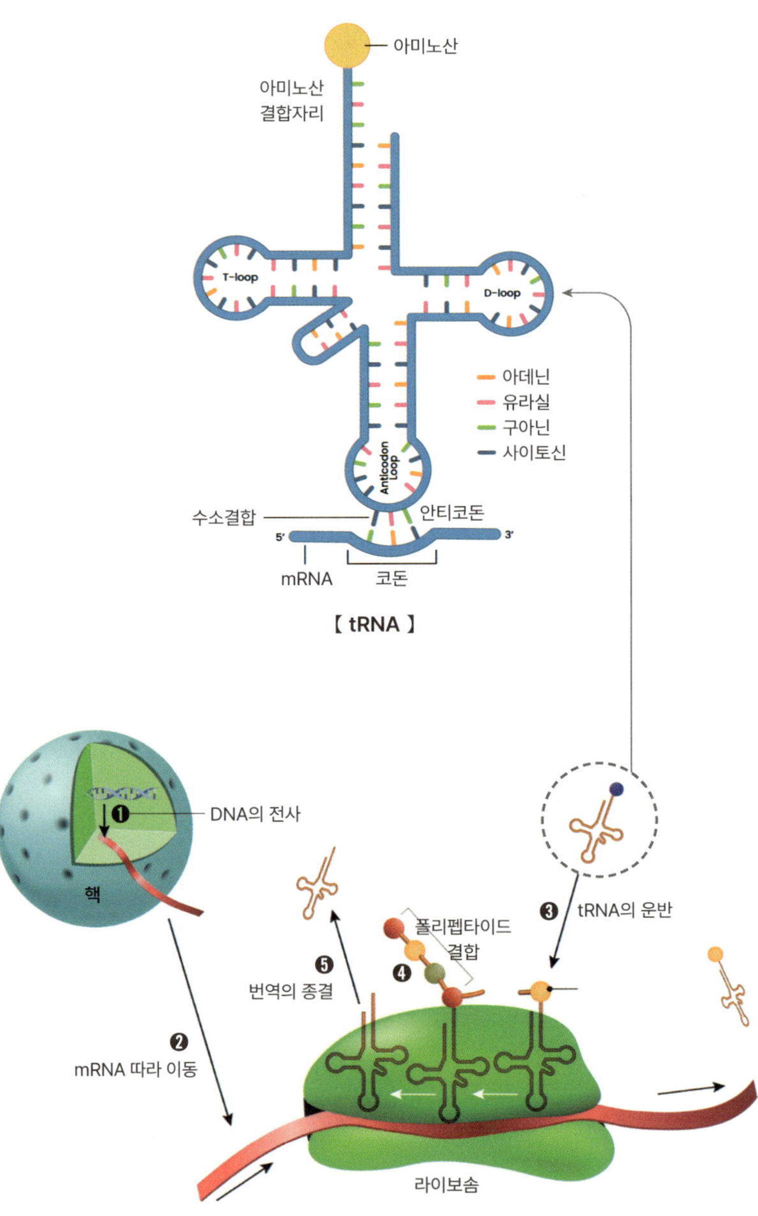

아미노산
아미노산
결합자리
T-loop
D-loop
Anticodon
Loop
아데닌
유라실
구아닌
사이토신
수소결합
안티코돈
5'
3'
mRNA
코돈
【 tRNA 】
DNA의 전사
핵
tRNA의 운반
폴리펩타이드
결합
번역의 종결
mRNA 따라 이동
라이보솜

폴리펩타이드가 만들어지게 되는 겁니다. 이 과정이 신장입니다.

신장 과정이 지속되다가 라이보솜이 mRNA의 종결 코돈(UAA, UGA, UAG)에 도달하게 되면 종결 코돈이 지정하는 아미노산이 존재하지 않기 때문에 이에 매칭되는 안티코돈을 갖는 tRNA가 존재하지 않아 폴리펩타이드 합성이 종결됩니다. 번역이 종결되면 라이보솜과 mRNA, tRNA, 이제까지 합성된 폴리펩타이드도 모두 분리되게 됩니다.

앞서 말했듯이 DNA에서 RNA가 만들어지는 과정은 DNA의 염기와 상보적인 염기를 갖는 RNA가 만들어지므로 글을 옮겨 쓰는 것과 같아 전사라 부르는 반면 RNA의 코돈에 따라 아미노산이 지정되어 단백질이 합성되는 과정은 염기에서 아미노산으로 다른 종류의 언어로 바뀌므로 번역이라고 부릅니다. 즉 DNA의 3염기 조합은 RNA가 코돈으로 전사된 후 아미노산 하나를 지정하며, DNA의 염기 배열 순서에 따라 단백질을 이루는 아미노산의 배열 순서가 결정되고, 이에 따라 단백질의 구조와 기능이 결정됩니다. 합성된 단백질은 효소, 호르몬 등의 주성분이며, 특별한 기능을 담당하므로 단백질의 기능을 통해 생물의 형질이 결정되게 되는 겁니다.

지금까지의 과정을 종합해 보면 다음 그림과 같이 나타낼 수 있습니다.

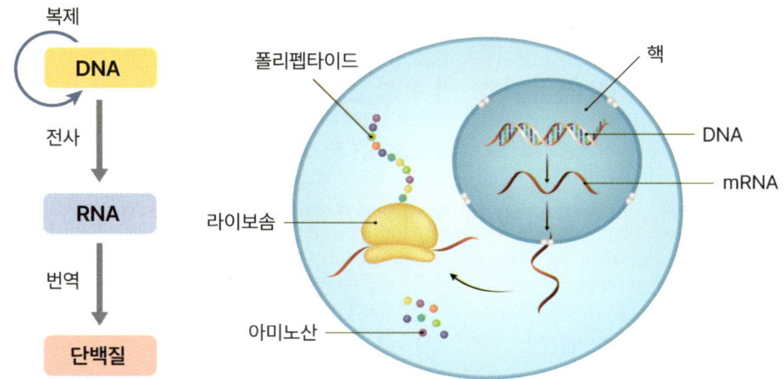

복제
DNA
전사
RNA
번역
단백질
폴리펩타이드
라이보솜
아미노산
핵
DNA
mRNA

돌연변이가 꼭
나쁜 것만은 아니야

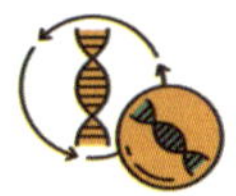

유전자 이상과 유전 질환

DNA 염기 서열의 변화가 원인

앞에서 생명 중심 원리에 대해 자세히 이야기를 나눴습니다. DNA 본체에 들어 있는 3염기 조합을 usb인 RNA에 코돈 형태로 옮기고, 이 usb를 단백질 합성 공장인 라이보솜에 꽂아 유전 정보대로 아미노산을 연결해 단백질이라는 제품을 만들어 내는 과정이라고 정리했습니다. 완성된 제품이 기능을 하면 생물이라는 개체에서 여러 가지 형질로 구현되게 되는 거죠.

그렇다면 유전자를 구성하는 DNA의 염기 서열에 변화가 생겨 유전자의 기능에 이상이 생기면 발현되는 형질에도 이상이 생기지 않을까요? 생명과학에서는 이를 유전자 이상 또는 유전자 돌연변이라 부릅니다. 앞서 언급했던 흰 사슴도 DNA에 있는 멜라닌 합성 효소 유전자를 구성하는 DNA의 염기 서열에 변화가 생겨 멜라닌 합성 효소가 정상적으로 합성되지 않아 발생한 돌연변이입니다. 털색을 나타내는 멜라닌 색소가 합성될 수 없어 동물의 털색이 흰색이 된 것이죠.

요컨대 DNA 염기 서열이 바뀌면 전사와 번역 과정이 정상적으로 일어나지 않거나 바뀐 염기 서열이 비정상적인 단백질로 번역되어 유전 질환이 나타날 수 있습니다.

이런 유전 질환의 대표적인 사례로 '낫 모양 적혈구 빈혈증'이 있습니다. 낫 모양 적혈구 빈혈증은 DNA 염기 서열에서 유전 부호를 구성하는 3염기 조합 중 원래 CTC였던 것이 CAC 즉 염기 서열 하나가 바뀌는 바람에 발생하는 유전 질환입니다. 이런 비정상적인 DNA 정보 변화가 RNA와 아미노산 구성에 변화를 주어 단

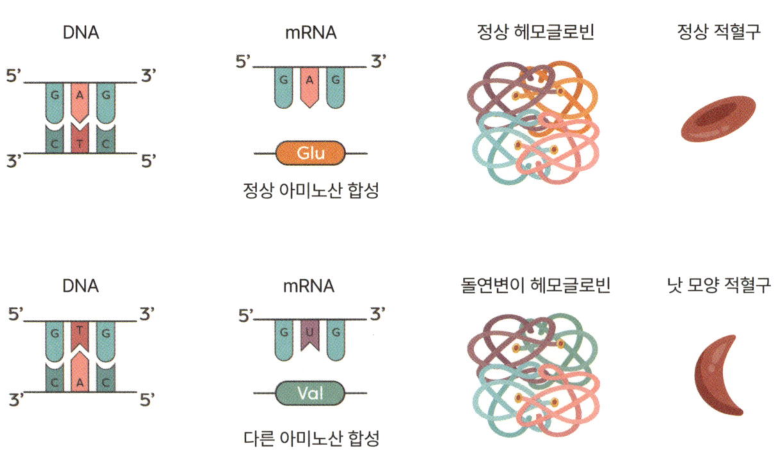

백질 구조가 변했고, 결과적으로 정상 적혈구의 모양이 길쭉한 낫 모양으로 변하게 된 겁니다.

헤모글로빈은 α와 β사슬 각 2개씩으로 이루어진 단백질입니다. 그런데 여기서 β 사슬 유전자의 염기 하나가 T에서 A로 비정상적으로 바뀌면, 6번째 아미노산인 글루탐산이 발린으로 바뀌고, 그 결과 β 사슬의 입체 구조가 변하여 비정상적인 헤모글로빈이 생성됩니다. 이런 비정상 구조의 헤모글로빈은 낫 모양으로 찌그러지며 정상 적혈구에 비해 수명도 짧고 산소 운반 기능도 떨어집니다.

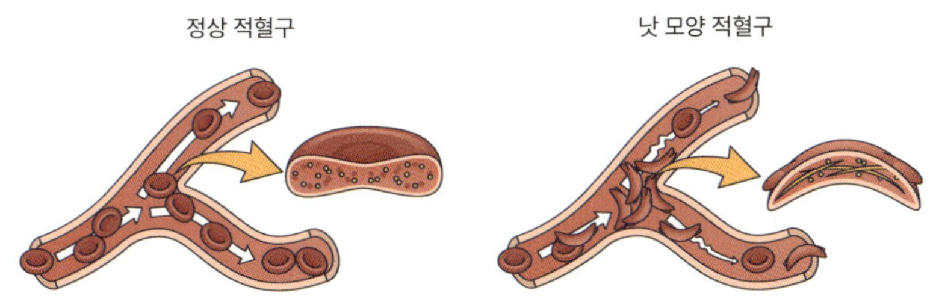

【 정상 적혈구와 낫 모양 적혈구의 비교 】

이런 돌연변이가 발생하면 산소 운반 능력이 현저하게 떨어져 악성빈혈을 일으킬 뿐 아니라 모세혈관을 막아 혈액순환을 방해하고 신체 조직에 손상을 일으킬 수도 있습니다.

돌연변이의 다른 예로는 페닐케톤뇨증이 있습니다. 페닐케톤뇨증은 아미노산인 페닐알라닌을 타이로신으로 전환시키는 효소에 돌연변이가 일어나 페닐알라닌 대사에 장애가 생기는 유전병입니다. 이 돌연변이가 발생하면 페닐알라닌을 분해하지 못하여 그 부산물인 페닐케톤이 소변으로 배출됩니다. 정상적이라면 페닐알라닌은 체내에서 페닐알라닌 수산화 효소에 의해 타이로신으로 전환되어야 합니다. 그런데 이 효소에 이상이 생기면 타이로신으로 전환되지 않은 페닐알라닌이 체내에 축적되어 여러 가지 증상이 나타나게 됩니다.

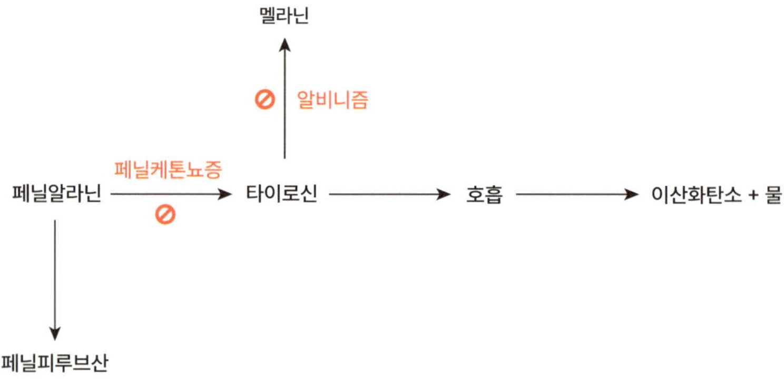

페닐케톤뇨증으로 인한 증상으로는 신경계 손상으로 지적 장애가 생기거나 멜라닌 색소 부족으로 연한 담갈색 피부와 모발이 발생하며, 땀이나 소변에서 곰팡이 냄새가 납니다. 특히 영유아 시기에 이런 유전자 변이가 발생하면 뇌발달 저하로 소두증, 간질, 인지장애와 행동학적 문제가 나타날 수 있습니다. 따라서 출생 직후에 신생아의 혈액을 검사해 페닐케톤뇨증 여부를 확인하고, 양성이 나오면 조기 치료하는 것이 매우 중요합니다.

유전 부호 체계의 공통성

지구상 생물들은 서로 다른 유전정보를 가지고 있어 그 모습이나 생활 방식이 천차만별이지만 세균에서 인간에 이르기까지 모든 생명체는 동일한 유전 부호 체계를 사용합니다. 그리고 이것은 한 생물의 유전정보가 다른 생물의 세포 속에서도 동일하게 번역될 수 있음을 의미합니다. 생명공학 기술을 활용하여 세균으로부터 인슐린이나 생장 호르몬 같은 유용한 단백질의 대량 생산이 가능한 것도 이 때문입니다. 이렇게 인위적으로 유전정보를 재결합시키는 생명공학 기술을 '유전자 재조합'이라고 합니다.

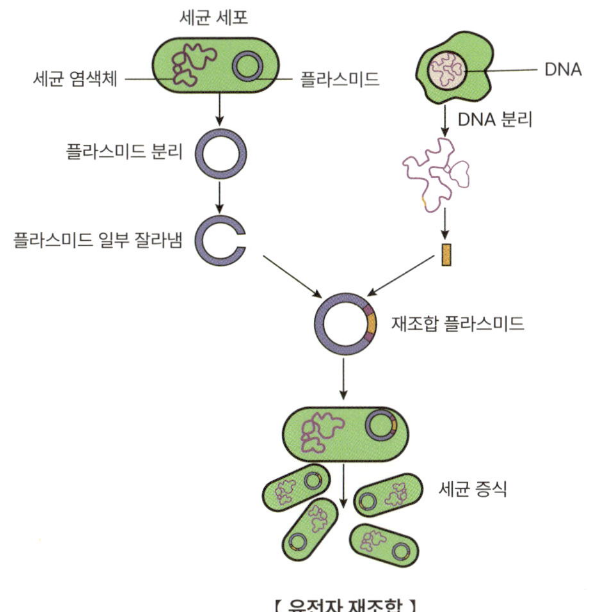

【 유전자 재조합 】

그렇다면 유전자 재조합 과정은 어떻게 이루어질까요? 일단 유전자를 재조합하려면 DNA를 자르고, 잘라낸 DNA를 운반하고, 운반한 DNA를 다시 붙일 수 있어야 합니다. 그래서 유전자 재조합 기술에는 재조합할 유용한 유전자, DNA 운반체(플라스미드), 제한 효소, DNA 연결 효소가 필요합니다. 제한 효소는 DNA를 잘라내는 자르는 가위 역할을, DNA 운반체는 유용한 유전자를 숙주 세포 안으로 운반하는 역할을, DNA 연결 효소는 잘라낸 DNA를 풀처럼 붙이는 역할을 합니다.

제한 효소는 특정 염기 서열을 인식하여 잘라 내기 때문에 동일한 제한 효소를 이용하면 잘라낸 유전자 끝부분과 플라스미드 끝부분의 염기 서열은 레고 블록처럼 딱 맞아떨어집니다. **이렇게 정확히 맞아떨어지는 두 DNA의 끝부분을 DNA 연결 효소로 연결하면 재조합 DNA가 되는 겁니다.** 대표적인 유전자 재조합 기술로는 인간 인슐린 유전자를 자른 후 대장균에 집어넣어 다량의 인슐린 생산에 성공한 것을 들 수 있습니다.

그런데 여기서 한 가지 주의해야 할 점이 있어요. 유전 부호가 동일하다고 해서 각 생물의 염기 서열도 동일하다고 착각해서는 안 된다는 것입니다. 만일 인간과 파리의 염기 서열이 동일하다면 인간과 파리의 형질도 동일하지 않을까요? 인간과 파리의 차이가 없어지는 것입니다. 따라서 유전 부호의 동일성, 공통성은 염기 서열이 동일하다는 것이 아니라 유전 부호를 해석하는 규칙이 동일하다는 의미입니다. 즉, 코돈이 동일하면 세균이나 인간이나 동일한 아미노산으로 번역될 수 있습니다. 예를 들어 코돈 UUU는 세균이나 인간이나 모두 페닐알라닌으로 번역됩니다. 그래서 코돈 표는 인간뿐 아니라 거의 모든 생물에서 동일한 아미노산을 지정하는 동일한 유전 부호가 되는 것입니다.

염기 서열은 유전자를 구성하는 염기의 배열로 아데닌(A), 구아닌(G), 사이토신(C), 타이민(T)의 순서로 돼 있습니다. 인간 유전자의 경우 이들 네 종류의 염기 30억 개가 일정한 순서로 늘어서 있고, 이 염기 서열에 따라 눈동자 색이나 피부색 같은 생물학적 특성이 결정됩니다.

초파리는 인간과 약 60% 정도의 염기 서열이 같다고 합니다. 그래서 초파리를 이용해서 인간의 유전적 질병을 연구합니다. 왜냐하면 유전 부호를 해석하는 규칙은 인간과 초파리에게 동일하게 적용되니까요.

생물의 유전 부호 체계는 자손에게 대물림되며, 이를 통해 생명의 연속성이 유지될 수 있습니다. 그러므로 거의 모든 생명체가 동일한 유전 부호 체계를 사용한다는 것은 공통 조상으로부터 다양한 생물로 진화해 왔다는 증거가 될 수 있습니다.

당뇨병 치료제 휴물린의 탄생

1982년 10월 미국 FDA(식품의약품안정청)는 세계 최초로 유전자재조합 기술로 만든 의약품 휴물린Humulin 판매를 승인했습니다. 휴물린은 인간human과 인슐린insulin의 합성어로 박테리아인 대장균으로 만든 인간 인슐린으로 당뇨병 치료제입니다. 이러한 휴물린이 만들어지기까지 결정적인 기여를 한 인물은 미국의 생명공학자인 허버트 보이어입니다.

1972년 보이어는 EcoRI라고 이름 붙은 제한효소를 발견합니다. EcoRI는 DNA 이중나선에서 'GAATTC' 서열을 인식해 잘라내는 역할을 하는 효소였습니다. 보이어는 이 연구결과를 하와이에서 열린 한 학회에서 발표했습니다. 그때 스탠퍼드대 교수인 스탠리 코언이 보이어가 발견한 제한효소를 이용하여 유전자 복제가 가능하다는 생각을 했습니다. 그리고 이듬해 두 과학자는 제한효소를 이용하여 두 플라스미드를 붙여 만든 재조합 플라스미드 클로닝에 성공합니다.

그 후 연구자들은 재조합한 플라스미드를 대장균에 넣어 증식하여 재조합 플라스미드를 대량으로 복제하는 실험을 진행합니다. 이 실험에 성공하자 이번에는 고등생물의 유전자를 대장균에서 발현시키는 실험을 진행합니다. 연구자들은 개구리의 DNA 조각을 플라스미드에 넣는 실험을 통해 고등생물의 DNA가 포함된 플라스미드를 대장균에 복제시키는 데 성공합니다. 인간의 DNA를 대장균에 넣어 복제시키는 것도 가능해진 것입니다.

이 무렵 연구자들은 인슐린 유전자에 관심을 갖기 시작합니다. 1920년대부터 혈당을 낮추는 호르몬인 인슐린이 당뇨병 치료제로 사용되었습니다.

소나 돼지의 췌장에서 추출한 인슐린을 의약품으로 만든 것이었습니다. 그런데 당뇨병 환자가 증가하면서 인슐린 공급이 한계에 이르렀습니다. 이때 DNA 재조합 기술이 알려졌고, 인슐린 대량생산의 가능성에 사람들이 주목했습니다.

1975년 밥 스완슨이라는 젊은이가 보이어를 찾아와 재조합 DNA 기술을 이용한 제약회사 설립을 제안했습니다. 의기투합한 두 사람은 마침내 10만 달러의 투자금 유치에 성공하여 '제넨텍Genentech'이라는 회사를 만들었습니다. 보이어는 자신의 연구에 관심을 보인 리그스 박사팀과 공동연구를 진행하여 1978년에 마침내 박테리아로부터 인간 인슐린 유전자를 얻는 데 성공합니다. 이것인 바로 휴물린의 탄생입니다.

자연선택에 유리한 돌연변이

낫 모양 적혈구 빈혈증과 자연선택

말라리아가 많이 발생하는 아프리카 일부 지역에서 낫 모양 적혈구 유전자를 가진 사람의 비율이 다른 지역보다 높게 나타난다는 연구가 발표된 적이 있습니다.

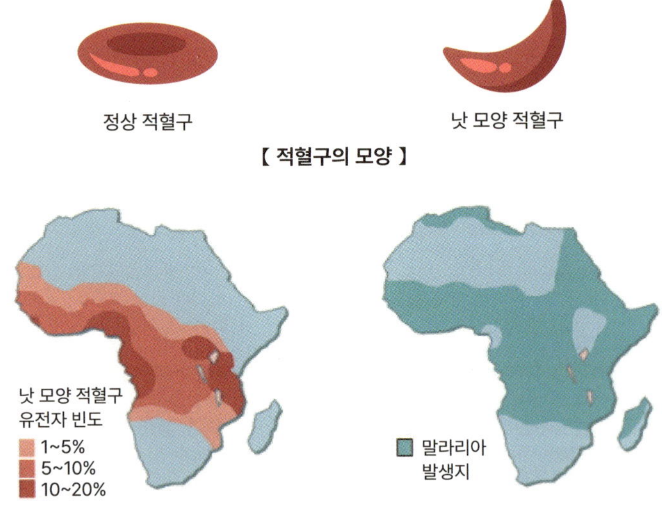

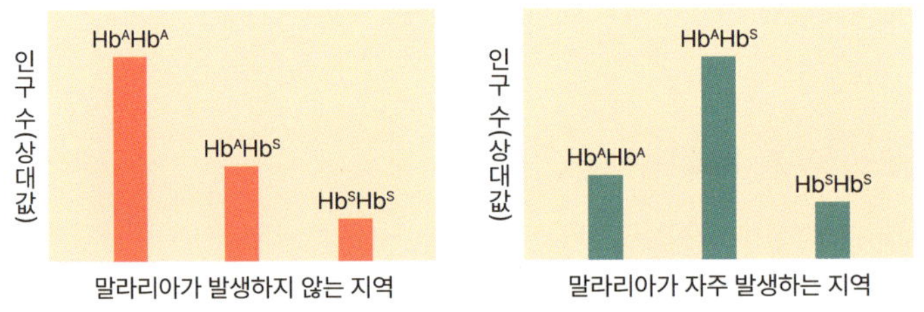

【 지역에 따른 적혈구 유전자 빈도 】
(Hb^s: 낫 모양 적혈구 유전자, Hb^a: 정상 적혈구 유전자)

위의 그림을 보면 말라리아와 낫 모양 적혈구 빈도 사이의 연관 관계를 명확히 관찰할 수 있습니다. 그렇다면 이런 연관 관계가 어떻게 발생하게 된 걸까요? 낫 모양 적혈구 빈혈증은 헤모글로빈 유전자의 돌연변이로 심한 빈혈을 유발하기 때문에 생존에 불리 하게 작용합니다. 그런데 적혈구에 기생하는 말라리아 원충은 낫

모양 적혈구에서는 증식하기 어려워 낫 모양 적혈구를 가진 사람
이 오히려 말라리아에 잘 걸리지 않습니다. 즉, 낫 모양 적혈구를
가진 사람이 말라리아에 저항성을 가지게 된 것입니다.

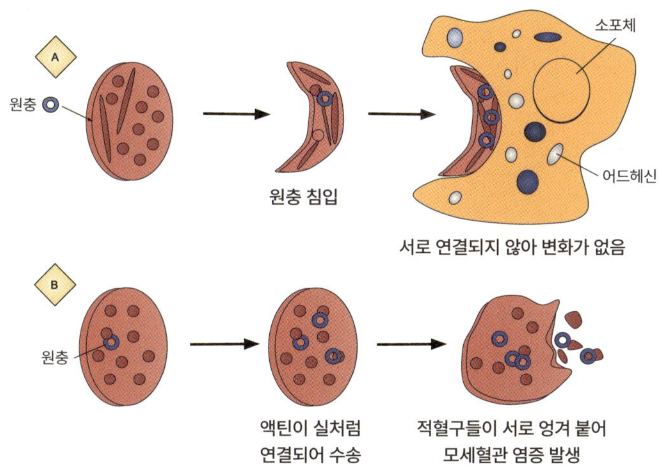

위 그림처럼 적혈구에 침입한 말라리아 원충은 '어드헤신adhesin'
이라는 단백질을 만들고, 이를 세포 내 작은 주머니인 소포에 담아
서 적혈구 표면으로 내보냅니다. 혈구 표면에 모인 어드헤신은 그
곳을 끈적끈적하게 만들어 혈액 속 적혈구끼리 서로 엉겨 붙게 합
니다. 이것이 말라리아의 증세인 모세혈관 염증이 발병하는 이유
입니다. 이 과정에서 말라리아 원충은 세포 안에 있던 어드헤신을
혈구의 표면으로 내보낼 때 '액틴actin'이라는 적혈구 단백질을 활
용합니다. 그런데 낫 모양 적혈구의 경우 말라리아 원충이 액틴을
활용하지 못해 어드헤신을 적혈구 표면으로 보내지 못합니다. 즉,
낫 모양 적혈구에서는 소포에 어드헤신을 담아 세포 밖으로 내보

내는 작업이 어려워지면서 모세혈관 염증이 생길 가능성도 그만큼 줄어들게 됩니다. 결론적으로 이런 복잡한 메커니즘을 통해 낫모양 적혈구가 말라리아에 대해 저항성을 갖게 되는 것입니다.

뿐만 아니라 낫 모양 적혈구는 산소 운반 능력이 정상 적혈구에 비해 떨어지기 때문에 악성 빈혈을 일으키게 됩니다. 그런데 낫모양 적혈구 대립 유전자만 가진 사람(Hb^{S}Hb^S)은 심한 빈혈이 있지만, 낫 모양 적혈구 대립 유전자와 정상 적혈구 대립 유전자를 둘 다 갖는 사람(이형 접합인 사람 Hb^{A}Hb^S)은 정상 산소 농도에서 적혈구가 정상 모양을 해서 빈혈이 발생하지 않습니다. 하지만 산소 농도가 낮아지면 정상적인 적혈구가 낫 모양으로 변합니다. 이런 원리로 이형 접합인 사람의 적혈구에 말라리아 원충이 침입하면 산소가 소모되면서 적혈구가 낫 모양으로 변하여 말라리아가 발병하지 않게 됩니다.

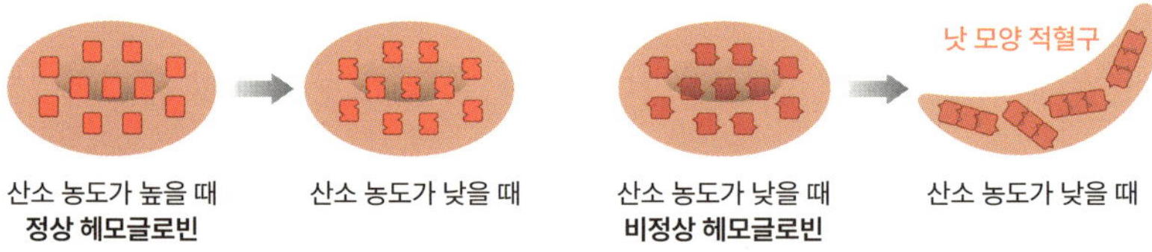

산소 농도가 높을 때
정상 헤모글로빈

산소 농도가 낮을 때

산소 농도가 낮을 때
비정상 헤모글로빈

산소 농도가 낮을 때

유전자형	Hb^{A}Hb^A	Hb^{A}Hb^S	Hb^{S}Hb^S
표현형	정상	평상 시 : 정상 산소 부족 시 : 낫 모양	낫 모양
빈혈	없음	미약	악성
말라리아 저항성	없음	있음	있음

따라서 말라리아가 많이 발생하는 지역에서는 낫 모양 적혈구 대립 유전자와 정상 적혈구 대립 유전자를 둘 다 갖는 것이 오히려 생존에 유리하게 작용합니다. 그리고 생존에 유리하기에 그 지역에서는 낫 모양 적혈구 유전자가 자연 선택되어 자손에게 대대로 유전됩니다. 그 결과 말라리아가 많이 발생하는 지역에서 낫 모양 적혈구 유전자의 빈도가 높게 나타나는 것입니다. 이처럼 같은 변이라도 어떤 환경에서는 생존에 불리하게 작용하지만, 다른 환경에서는 생존에 유리하게 작용하여 자연선택의 결과가 달라질 수 있습니다.

☑ 아미노산 구조

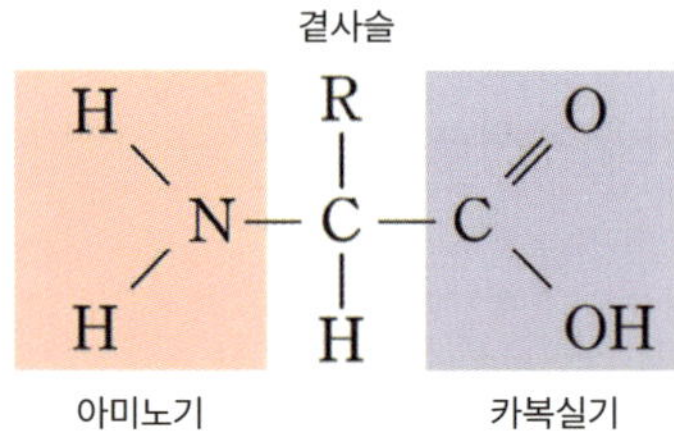

☑ 펩타이드 결합

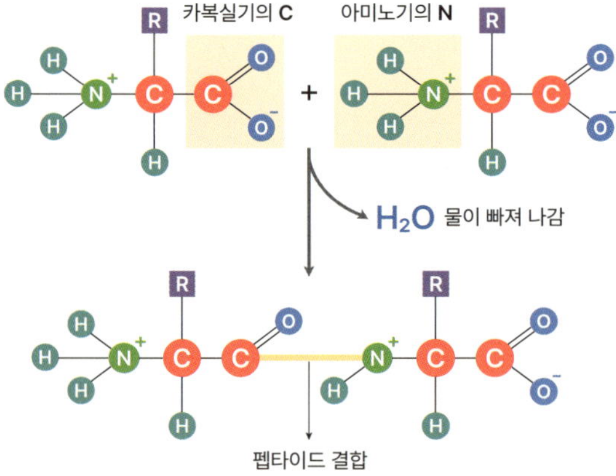

☑ 단백질의 종류에 따른 기능 형성 과정

DNA 염기 배열 순서 → 아미노산의 종류, 수, 배열 순서 → 단백질의 구조 → 단백질의 기능

☑ 뉴클레오타이드

염기 : 당 : 인산 = 1 : 1 : 1로 결합한 핵산의 기본 단위

☑ DNA Vs RNA

DNA	구분	RNA
이중나선	구조	단일 가닥
디옥시라이보스		라이보스
A, G, C, T	염기의 종류	A, G, C, U
유전정보 저장	기능	유전정보의 전달 및 단백질 합성에 관여
핵	위치	핵 → 세포질

☑ 유전자

DNA 염기 서열에서 단백질이나 RNA를 만들 수 있는 단위로 유전정보가 저장된 DNA의 특정 부분을 일컫는 말

☑ 생명 중심 원리

① 전사 : DNA의 유전정보를 RNA로 옮기는 과정
② 번역 : RNA의 염기의 언어가 단백질의 아미노산 언어로 바뀌는 과정

☑ 3염기 조합 Vs 코돈

① 3염기 조합(Triplet Code) : 하나의 아미노산을 지정하는 DNA의 연속된 3개의 염기 서열

② 코돈(Codon) : 3염기 조합을 상보적으로 전사한 mRNA의 연속된 3개의 염기 서열

☑ 코돈표(182쪽)

코돈은 단백질의 아미노산을 지정하는 RNA의 유전 정보로, 아미노산을 지정해 주는 부호

① 개시 코돈 : AUG, 메싸이오닌을 지정하는 코돈이면서 동시에 단백질 합성 시작

② 종결 코돈 : UAA, UAG, UGA, 지정하는 아미노산 정보가 없어 단백질 합성 종료

☑ 낫 모양 적혈구 빈혈증

헤모글로빈 β 사슬 유전자의 염기 하나가 T에서 A로 비정상적으로 치환 → 헤모글로빈 β 사슬 6번째 아미노산인 글루탐산이 발린으로 변화 → 헤모글로빈 입체 구조가 낫 모양으로 변화 → 악성 빈혈, 모세혈관을 막아 혈액순환을 방해, 신체 조직에 손상

☑ 유전 부호 체계의 공통성

① 세균에서 사람에 이르기까지 거의 모든 생명체는 동일한 유전 부호 체계 사용

② 한 생물의 유전 정보가 다른 생물의 세포 속에서도 동일하게

번역될 수 있음을 의미

③ 모든 생명체가 현재와 같은 유전 부호 체계를 이용하는 공통
조상으로부터 진화해 왔음을 의미

우리에겐 어린왕자의 유리관이 있어!

오존층이 지켜주는 지구 위의 생명

어릴 때에는 〈어린왕자〉에 나오는 장미꽃과 어린왕자의 사랑이 재미가 없었습니다. 학교에서 읽으라고 하고, 유명하다고 하니까 읽은 거지요. 학생들에게 강의하던 어느 날 문득 〈어린왕자〉에 나오는 장미꽃이 떠올랐어요. 우주에서 바라본 푸른 별 지구는 마치 어린왕자의 장미꽃처럼 한눈에 홀딱 반할 정도로 아름답지요. 그리고 지구의 모든 생명은 우주를 향해 장미꽃처럼 수많은 요구를 하고 있다는 생각이 들었습니다. 추우면 따뜻한 빛을 바라고, 바람이 불면 바람을 멈추게 해달라고 하고, 심지어는 온실 같은 유리 덮개를 요구하지요.

실제로 지구에는 유리덮개 같은 장치가 씌워져 있어요. 그걸 우린 오존층이라고 부릅니다. 오존층이 박살나는 순간 지구의 모든 생명체는 타죽고 말라죽고 온갖 멸망을 겪게 될 거예요. 마지막에 어린왕자는 수천 송이의 장미를 거절하고 단 한 송이 장미가 있는 자기 별로 가지요. 우리가 오존층을 지켜낼 때 지구는 어린왕자가 돌아온 자기별처럼 영원히 빛날 것입니다.

지구과학 편에서는 지구를 숨쉬게 하고 살아 있는 모든 것들을 지켜주는 지구방위대 오존층에 대해 알아보겠습니다. 태양으로부터 빛 에너지를 받아서 오존이 형성되는 것으로 흔히 알고 있지만 최초의 오존은 남세균(사이아노박테리아)이 만들어 준 선물입니다. 35억 년 전에 지구에 출현한 사이아노박테리아는 바다 속에서 호상철광층 형태로 오랜 시간 산소를 머금고 있다가 포화상태가 되자 수많은 산소를 대기 중으로 방출해요. 그 덕분에 태양으로부터 빛 에너지를 받아 오존층이라는 특별한 지구방위대를 만들 수 있었지요.

우리가 오존층의 역할에 대해 이해하면 할수록 지구는 여러 구성 요소 간의 상호작용으로 이루어진 하나의 커다란 시스템임을 실감하게 될 겁니다.

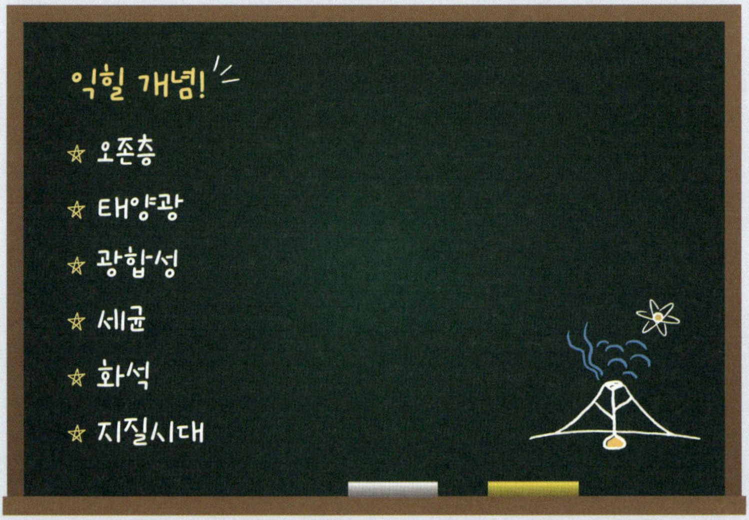

익힐 개념!
☆ 오존층
☆ 태양광
☆ 광합성
☆ 세균
☆ 화석
☆ 지질시대

어떻게 사람이 지구에서 살 수 있는지 알아보자

오존층

자외선을 막아 주는 대기권

여름에 선크림을 바르는 건 당연하고, 겨울에도 선크림을 꼭 바르는 사람이 많습니다. 오존층은 자외선을 차단해 피부암 등의 무서운 병을 막아 주는 고마운 존재 정도로 여겨집니다. 또 오존층이 자외선을 차단해 준다고는 하지만 완벽하게 차단하는 것은 아니므로 피부를 위해 선크림을 바르고 있죠. 상식으로 아는 오존층은 이 정도일 겁니다.

그러나 오존층은 우리가 생각하는 것 이상으로 근원적인 생명력을 부여하는 지구에 매우 중요한 장치입니다. 그 중요성이 부각되고 전 지구적 노력이 필요함을 인식한 것이 '몬트리올 의정서'

입니다. 몬트리올 의정서를 채택한 배경을 알면 오존이 얼마나 중요한 것인지 알 수 있기 때문에 좀 살펴보겠습니다.

일반적으로 오존층은 지표면으로부터 고도 약 20~30km의 성층권에 분포하는 오존의 밀도가 매우 높은 층을 말합니다. **오존층은 태양으로부터 오는 자외선을 대부분 흡수하여 지상에 존재하는 생명체를 보호하는 역할**을 합니다. 오존층에 구멍이 뚫리는 오존홀이 발생하면 상당수의 생명체들이 사라질지도 모릅니다.

1966년에 영국의 남극탐험대가 남극 대기권의 오존층에 구멍이 생긴 것을 처음으로 발견했습니다. 당시에는 오존홀이 왜 생겼는지 제대로 알 수 없었어요. 그러다가 1974년 셔우드 롤런드Frank Sherwood Rowland, 1927년~2012년라는 미국 화학자가 냉장고 냉매로 사용되는 프레온 가스가 오존층을 파괴한다는 가설을 세웠는데, 그것이 사실로 입증되었습니다.

프레온 가스에 포함된 염소 원자가 오존 분자와 만나 산화염소와 산소 분자를 만들고, 이때 만들어진 산화염소가 다시 산소 원자와 만나 염소 원자와 산소 분자를 생성하며 오존을 파괴하는 현상이 발생했던 거죠.

오존층을 보호하려면 프레온 가스 같은 화학물질을 규제하는 것이 급선무였습니다. 하지만 아직 대체 물질을 개발하지 못한 상태에서 무작정 오존층 파괴 물질을 줄일 수는 없었습니다. 그래서 프레온 가스 사용 규제에 대해 국제적 합의를 이루기까지 적잖은 시간이 걸릴 수밖에 없었습니다.

1987년에는 이런 문제에 대해 국제사회가 의견을 모아 합의를 도출하는 데에 성공했습니다. 프레온 가스CFCs, 할론halon 등 지구 대기권의 오존층을 파괴하는 물질에 대한 사용 금지 및 규제를 통해 오존층 파괴로부터 초래되는 인체 및 동식물에 대한 피해를 최소화하기 위한 목적으로 '몬트리올 의정서'를 체결한 거죠. 몬트리올 의정서에 따라, 선진국은 1996년부터 오존층 파괴 물질의 생산 및 수입이 금지되었으며, 개발도상국은 1997년부터 단계적으로 감축하여 2019년에 완전히 사용 금지되었습니다. 이러한 노력의 결과로 오존홀의 넓이가 점점 줄어들어 오존층이 회복되고 있다는 연구 결과가 잇달아 발표되고 있습니다. 과학자들은 이런 추

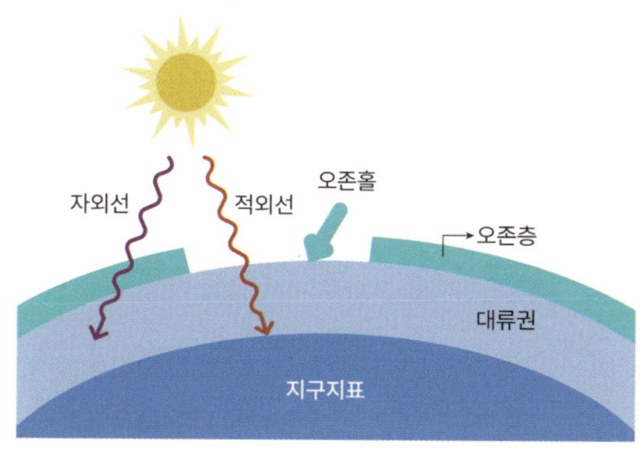

세라면 2050년대에 1980년 수준으로 오존층이 회복될 것으로 예상하고 있습니다.

오존층이 파괴되면 지표에 도달하는 자외선의 양이 증가하여 인체 건강에 엄청난 위협이 됩니다. 사람뿐만 아니라 다양한 생명체들에게 돌연변이가 발생하고, 엽록체 파괴로 인한 농산물 수확이 감소하고, 해양 생태계 파괴 등을 초래할 수 있습니다. 미국 환경 보호청의 연구결과에 따르면, 성층권 오존이 1%만 감소해도 백내장 환자가 0.3~0.6% 증가할 것이라고 합니다.

햇볕을 쬐고 싶지만 오존층이 파괴되어 자외선에 고스란히 노출되기 때문에 쬘 수 없다면 우리가 살 수 있을까요. 지구의 방패막인 오존층을 지켜내는 것은 먼 미래의 일이 아니에요. 가장 시급한 일이라고 해도 과언이 아닙니다.

선크림 뒤에 적힌 SPF와 PA는 무슨 의미일까?

자외선은 파장의 길이에 따라 크게 UVA, UVB, UVC의 세 종류로 나뉩니다. 햇빛으로부터 받는 손상의 대부분은 UV(자외선)에서 비롯되는데, 피부에 영향을 미치는 자외선은 UVA와 UVB입니다. UVC는 대부분 오존층에 흡수되어 지표면에 도달하지 않습니다.

파장의 길이가 320nm 이상인 UVA는 피부 깊숙이 침투하여 피부에 직접적인 손상을 일으켜 노화와 주름을 유발합니다. UVB는 파장의 길이가 290~320nm로 피부 바깥층으로 침투하여 주로 피부 표면에 영향을 줍니다. 변색, 주근깨, 기미 등의 색소 침착이나 화상 같은 변화를 일으키며, 심하면 피부암도 일으킬 수 있습니다. 특히 햇볕이 강한 여름에 UVB를 조심해야 합니다.

선크림 통에 적혀 있는 '자외선 차단 지수SPF, Sun Protection Factor'는 자외선 중에서 UVB 차단 효과를 나타내는 지표이고, 'PAProtection grade of UVA'는 UVA 차단 효과를 나타내는 지표입니다.

- SPF 15 : UVB의 93%
- SPF 30 : UVB의 97%
- SPF 50 : UVB의 98%
- SPF 100 : UVB의 99%

SPF 지수가 높을수록 UVB를 더 많이 차단하지만, 일상생활에서는 SPF 30 제품이면 충분합니다.

PA는 + 기호를 함께 표시하고 있지요. PA+에서 PA++, PA+++, PA++++ 까지 갈수록 더 높은 UVA 차단 능력을 의미합니다. 보통 PA++ 정도면 무난하게 사용할 수 있습니다.

UVC는 가장 짧은 200~290nm의 파장을 가지고 있습니다. 자외선 중에서 가장 위험하지만, 다행히도 오존층에 완전히 흡수되어 지표면에 도달하지 못합니다. 일상에서는 박테리아를 제거하는 살균용으로 병원, 실험실, 식품 가공시설 등에서 UVC를 사용합니다.

태양광

태양으로부터 지구에 쏟아지는 태양광에는 자외선이 포함되어 있습니다. 오존층의 주된 역할은 이 자외선을 흡수하는 것입니다. 태양광, 즉 빛은 어떤 구조와 특징을 가지고 있기에 자외선이 포함되어 있는 걸까요?

일반적으로 빛은 가시광선을 의미하지만 물리학에서 **빛은 전자기파**를 의미하기도 합니다. 이것은 빛의 파동적 성질에 근거한 정의인데, 이것을 이론적으로 처음으로 밝혀 낸 사람은 제임스 맥스웰James Clerk Maxwell, 1831년~1879년입니다. 영국의 이론물리학자 겸 수학자인 맥스웰은 전기 및 자기현상에 대한 이론적 기초를 마련하여 뉴턴에 버금가는 위대한 성과를 거두었습니다.

맥스웰에 앞서 19세기 중반 마이클 패러데이Michael Faraday, 1791년~1867년는 도선에 전류를 흐르게 하면 자기장이 생성되고, 반대로 자석을 움직이면 전류가 흐른다는 전자기 유도 현상을 발견했습니다. 맥스웰은 패러데이의 이론을 토대로 전기장과 자기장이 서로 어떻게 영향을 미치고 작용하는지 알아내려 했습니다. 연구 도중 전기장과 자기장에 대한 기존의 여러 이론들을 수학적 계산을 통해 전자기파의 존재를 예측하게 됩니다. 먼저 그는 물체와 물체 사이의 빈 공간에 주목했습니다. 가속되는 전하와 같이 전기장의 변화가 자기장을 만들고, 그것이 일종의 물결과 같은 파동으로 전파된다고 추측한 것이지요. 이렇게 생성된 파동이 바로 전자기파입니다.

맥스웰은 여기서 한 걸음 더 나아가 전자기파가 나아가는 속도를 계산했습니다. 방정식을 이용하여 전자기파의 속력을 이론적으로 계산하자 빛의 속도와 거의 일치했습니다. 여기서 맥스웰은 빛의 정체가 전자기파임을 직관적으로 알아차립니다. 하지만 이것은 이론적으로 전자기파의 존재를 암시할 뿐 실험을 통해 그 존재를 증명한 것은 아니었습니다.

전자기파의 존재를 유도 코일에서의 방전 현상으로 실험적으로 입증한 과학자는 독일의 헤르츠Heinrich Rudolf Hertz, 1857년~1894년였습니다. 헤르츠는 실험장치를 직접 고안했습니다. 놋쇠로 만든 구슬 모양의 전극을 가까이 두고 양극과 음극을 순간적으로 바꾸며 고전압을 걸어주자 방전이 일어나며 불꽃이 튀었습니다. 전선이 없는 허공에서 불꽃이 튀는 방전이 일어났다는 것은 전자기파가 공간을 이동했음을 보여주는 것이었습니다. 자극에 의해 전극에 저장된 전하가 진동하면 시간적으로 변화하는 전기장은 자기장을 유도하고, 시간적으로 변화하는 자기장은 전기장을 유도하게 됩니다. 이런 과정이 반복되면서 전기장과 자기장이 파동의 형태로 주위 공간으로 퍼져나가게 되는 겁니다. 이 실험을 통해 헤르츠는 최초로 전자기파를 발견했습니다. 훗날 그의 업적을 기리기 위해 주파수의 단위를 헤르츠Hz로 명명합니다. 라디오를 들을 수 있는 것도, 오늘날 통신 기술이 발달하게 된 것도 모두 헤르츠의 전자기파 발견 덕분이지요.

E
전기장
B
자기장
λ
파장
전자기파
진폭
시간
【 전자기파 】
라디오
전자레인지
TV리모컨
백열등
태양
엑스레이기기
방사성원소
전파
마이크로파
적외선
가시광선
자외선
엑스선
감마선
주파수
10⁴
10⁸
10¹²
10¹⁵
10¹⁶
10¹⁸
10²⁰
방사체 온도
1K
100K
10.000K
10millionK

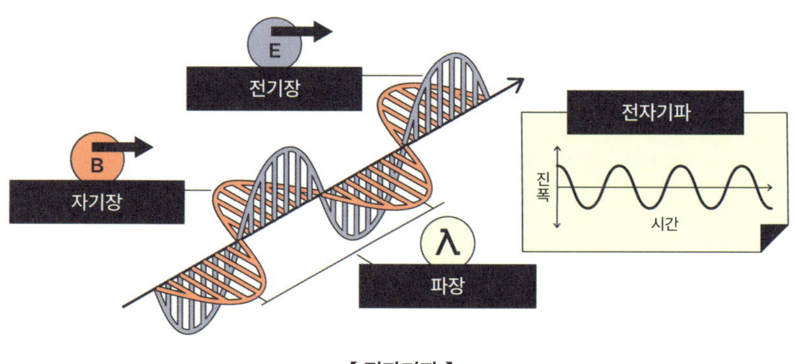

앞의 그림은 파장에 따른 전자기파의 분류를 나타낸 것입니다. 전자기파 중에서 인간의 눈으로도 감지할 수 있는 영역을 가시광선이라고 부릅니다. 그렇다면 우리는 왜 가시광선만 볼 수 있는 걸까요? 눈의 망막에 있는 원뿔 세포 또는 원추 세포는 색상을 감지하는 기능을 합니다. 원뿔 모양으로 생겨 원추 세포라 불리는 이 세포가 감지할 수 있는 빛의 파장 최대 범위는 약 400~700nm입니다. 이런 원리로 가시광선의 파장 영역이 약 400~700nm가 되는 겁니다. 가시광선 영역에서는 파장에 따른 성질의 변화가 색깔로 나타납니다. 흔히 무지개색으로 불리는 빨주노초파남보 일곱 가지 색으로 구분되는 겁니다. 빨간색으로부터 보라색으로 갈수록 파장은 짧아집니다.

가시광선 영역의 보라색보다 파장이 짧은 빛은 자외선이라 부릅니다. 자외선은 파장이 400nm보다 짧아 눈에 보이지 않지만 생체 조직을 파괴할 만큼 큰 에너지를 지니고 있어 피부를 태우거나 살균작용을 합니다. 과도하게 노출되면 피부암에 걸릴 수도 있지만 비타민 D를 합성하도록 도움을 주기도 합니다.

자외선보다도 파장이 짧으면 X선이라고 합니다. X선은 투과력이 강해 물체의 내부를 볼 수 있으므로 비파괴 검사나 의료 진단 분야, 공항 검색 등에 활용되고 있습니다. 흔히 병원에서 X-ray 사진 찍는다는 말이 바로 이 X선 영역의 전자기파를 이용하는 겁니다. X선은 세포의 유전자를 쉽게 손상시켜 돌연변이를 일으킬 가능성도 있어 사용에 주의해야 합니다. X선보다도 파장이 짧으면 감마(γ)선이라고 부릅니다. 감마(γ)선은 주로 원자핵의 붕괴 과정에서 발생하고 투과력이 매우 강하기 때문에 요즘에는 암을 치료하는 데 많이 이용되고 있습니다.

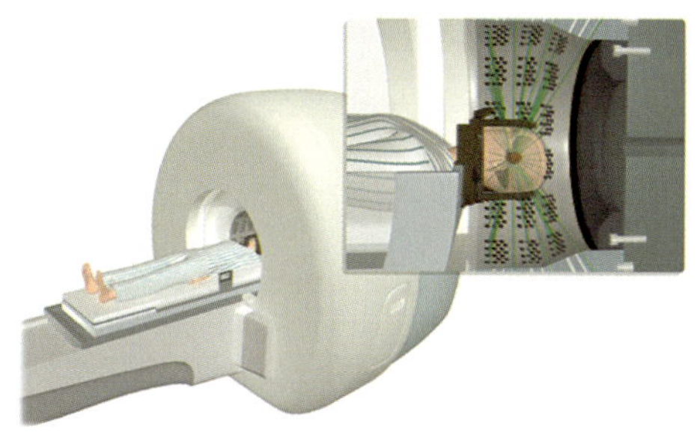

【 감마나이프 기계와 작동 원리 】
출처 : 질병관리청 국가건강정보포털

가시광선 영역의 빨간색보다 파장이 길면 적외선이라고 부릅니다. 파장은 700nm보다 길며, 가시광선 영역에서 벗어나 눈에는 보이지 않지만 강한 열작용이 있어 열선이라고도 부릅니다. 일상생활에서는 열화상을 감지하는 곳에 적외선이 사용됩니다. 생물이건 무생물이건 발열하는 모든 것은 적외선을 방출하기 때문에 이를 영상화하면 한밤중에도 관측이 가능합니다. 항공사진, 원거리사진, 적외선감지장치 등에 사용하죠. 그밖에 비교적 짧은 거리에서 높은 보안성을 지니고 있어 자동경보기, 자동문, 리모컨, 마우스 등의 적외선(IR) 무선 통신에 활용되기도 합니다.

적외선보다 파장이 길면 전파라고 부릅니다. 주로 라디오나 TV 등의 무선 통신에 사용하고 있습니다. 파장에 따라 전파가 퍼지는 방법과 면적이 다르기 때문에 파장에 따라 다양한 용도로 쓰이게 됩니다. 예를 들어 장파의 경우 파장이 길어 회절이 잘되므로 장애물이 많은 곳에서 사용하기에 유리하며, 단파의 경우 파장이 짧아 회절이 어렵지만 전리층에 반사되어 먼 거리까지 도달할 수 있어 국제 방송이나 항공기, 선박 등 원거리 통신에서 사용하기에 적합합니다.

감마선의 헐크

지금까지 살펴본 빛의 영역 중에서 오존층과 관련이 깊은 것은 자외선입니다. 성층권에 위치한 오존층이 태양에서 지구로 쏟아지는 태양광선에서 자외선을 흡수하기 때문입니다.

영화 마블 시리즈에는 수많은 슈퍼 히어로들이 등장합니다. 그 가운데 헐크라는 아주 유명한 캐릭터가 있어요. 헐크는 원래 방사능을 연구하던 로버트 브루스 배너 박사였습니다. 그는 폭발사고로 감마선에 노출되고, 그 영향으로 분노하면 괴력의 녹색 거인으로 변신하는 능력을 지니게 됩니다. 이렇게 변신한 슈퍼히어로가 헐크입니다. 막강한 힘을 가진 헐크의 탄생 배경으로 가장 파장이 짧고, 가장 큰 에너지를 가진 전자기파인 감마선이 등장합니다. 이런 감마선의 영향으로 헐크가 분노하면 아드레날린의 분비로 녹색 거인으로 변신한 후 엄청난 힘을 얻게 된다는 논리인 거죠. 전자기 스펙트럼에서 가장 높은 에너지 영역에 속한 감마선의 영향을 받은 헐크는 마블의 히어로들 중 극상위권에 속하는 캐릭터가 됩니다.

광합성

화학적으로 오존은 산소 원자 3개가 결합한 산소의 동소체입니다. 산소 원자 2개가 결합한 일반적인 산소와 달리 불안정하며, 분해되면 일반 산소가 됩니다. 따라서 산소 원자가 없으면 오존도 존재할 수 없습니다. 과거 지구가 탄생했을 무렵에는 산소가 별로 없었습니다. 그러다가 **원시 바다에서 광합성을 하는 생물들이 출현하였고, 그들의 광합성을 통해 산소가 생성**되었죠. 그 이후 **대기 중으로 방출된 산소가 자외선을 받아 오존이 생성되고, 이 오존이 성층권에 쌓여서 오존층을 형성**하게 된 거랍니다.

이제 오존의 원천이 되는 산소가 광합성을 통해 어떻게 만들어지는지 알아봅시다. 이 과정에서 태양에너지가 화학에너지로 변환되는 것을 알 수 있습니다.

주변에 많이 보이는 녹색 식물은 엽록체에서 빛 에너지를 이용하여 이산화탄소와 물을 재료로 포도당을 합성합니다. 그리고 그 과정에서 부산물로 생기는 것이 바로 산소입니다. 즉, **광합성은 태양의 빛 에너지를 화학 에너지로 전환해 포도당이라는 에너지원과 산소를 생성하는 반응**입니다.

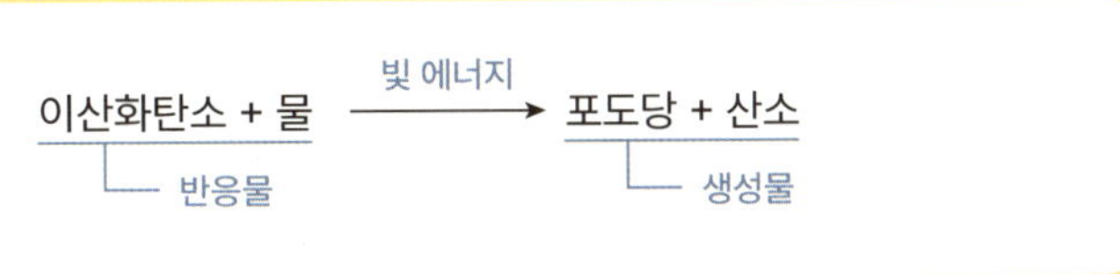

광합성을 위해서는 이산화탄소와 빛이 반드시 필요합니다. 아래 그림은 이를 실험으로 입증한 것입니다.

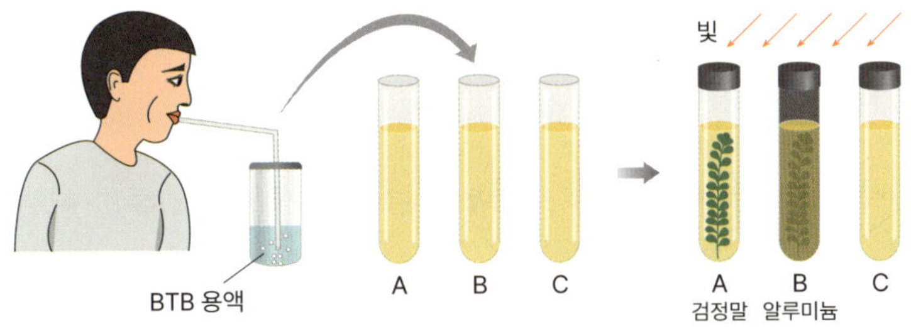

먼저 (초록색) BTB 용액에 입김을 불어넣어 노란색으로 만듭니다. BTB 용액은 지시약입니다. 지시약은 용액의 액성에 따라 자신의 색깔을 변화시킴으로써 그 물질이 어떤 특성(산성, 중성, 염기성)을 지니는가를 구분해 주는 시약입니다. BTB 용액은 산성에서 노란색, 중성에서 초록색, 염기성에서 푸른색을 나타내므로 이를 통해 용액의 액성을 판단할 수 있습니다.

사람이 불어넣은 입김에는 이산화탄소가 들어 있습니다. 이산화탄소는 물에 녹아 탄산이 되기 때문에 산성을 나타내고 BTB 용액을 노란색으로 변하게 만듭니다. 노란색으로 변한 BTB 용액은 3개의 시험관에 나누어 넣습니다. 그런 다음 빛이 잘 비치는 곳에

놓아두고 용액의 색깔 변화를 관찰합니다. 빛을 비추는 동안 A시험관에는 검정말을 넣어두고, B시험관에는 검정말을 넣어둔 상태에서 알루미늄박을 씌우고, C시험관에는 아무것도 넣지 않습니다.

어느 정도 시간이 흐른 후 시험관을 관찰해 보면 시험관 A에서만 BTB 용액의 색이 노란색에서 푸른색으로 변한 것을 알 수 있습니다. 시험관 A에는 검정말이 들어 있고, 빛이 비춰지기 때문에 광합성이 일어납니다. 시험관 A에서만 BTB 용액의 색이 노란색에서 푸른색으로 변했다는 것은 산성에서 염기성으로 용액의 액성이 변했다는 것인데, 이는 검정말의 광합성으로 용액 속의 이산화탄소가 소모된 것으로 판단할 수 있습니다.

한편 시험관 B에서는 알루미늄박에 의해 빛이 차단되어 검정말이 광합성은 하지 않고 호흡만 하게 됩니다. 시험관 C 역시 검정말이 없기에 광합성이 이루어지지 않습니다. 그래서 시험과 B와 시험관 C에서는 BTB 용액의 색 변화가 발생하지 않습니다. 결국 시험관 A에서만 색 변화가 발생했다는 실험 결과를 통해 식물의 광합성에는 반드시 이산화탄소와 빛이 필요하다는 사실을 알 수 있습니다.

이와 같이 **광합성이 이루어지려면 빛의 세기, 이산화탄소 농도, 온도 등과 같은 여러 요인**들이 갖춰져야 합니다. 이를 그래프로 정리해 보면 다음과 같습니다.

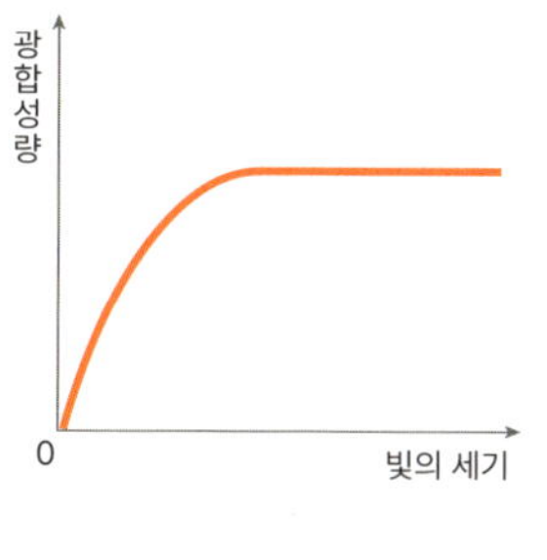

빛의 세기

빛의 세기가 세질수록 광합성량이 증가하다가 어느 한계 이상이 되면 광합성량은 일정해집니다.

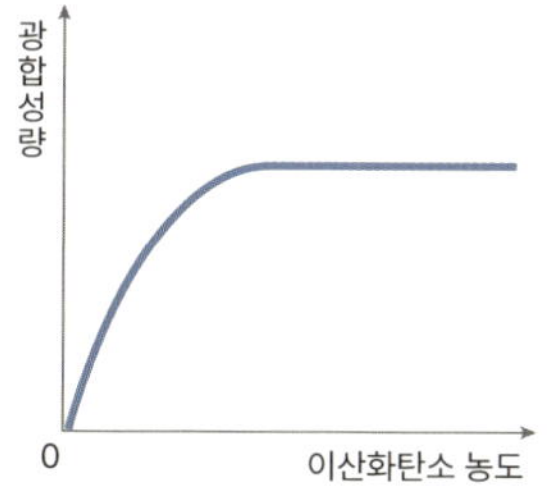

이산화탄소 농도

이산화탄소 농도가 증가할수록 광합성량이 증가하다가 어느 한계 이상이 되면 광합성량은 일정해집니다.

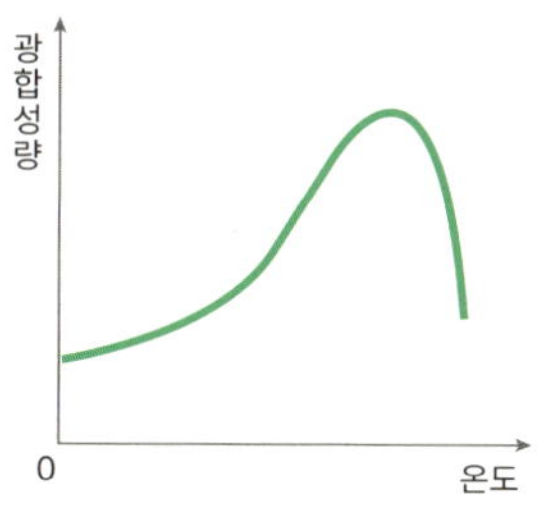

온도

온도가 높아질수록 광합성량이 증가하다가 어느 한계 이상이 되면 광합성량은 급격히 감소합니다.

빛의 세기가 강해질수록 식물의 광합성량도 증가합니다. 하지만 빛의 세기가 어느 수준 이상이 되면 광합성량은 더 이상 증가하지 않고 일정하게 유지됩니다. 이산화탄소 농도도 증가할수록 식물의 광합성이 활발해지지만 어느 수준 이상의 이산화탄소 농도에서는 더 이상 활발해지지 않고 일정하게 유지됩니다.

그런데 온도의 경우에는 온도가 높아질수록 광합성이 활발해지다가 어느 수준 이상이 되면 광합성량이 급격하게 감소합니다. 그 이유는 광합성 반응의 촉매제 역할을 하는 효소 때문입니다. 효소의 주성분인 단백질은 열과 산 등에 의해 입체 구조가 바뀔 수 있는데, 이를 단백질의 변성이라고 합니다. 한계치 이상의 높은 온도에서는 단백질 변성이 일어나 효소가 그 기능을 잃게 되는 겁니다.

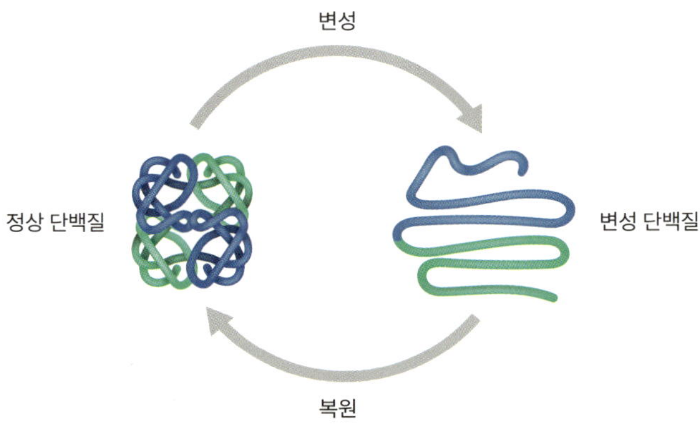

세균

핵막이 없는 최초의 생명체

46억 년 전 지구가 탄생했을 때 대기 중 산소는 매우 희박했습니다. 그러다가 35억 년 전 최초의 광합성 생물인 남세균(사이아노박테리아Cyanobacteria)으로 등장으로 산소가 급증하기 시작했습니다. 원시 지구에 녹색식물이 등장하기 이전에는 세균이 산소를 만들어 오존 생성에 기여한 것입니다.

지구에 생겨난 최초의 생명체는 원핵생물입니다. **원핵생물이란 핵막이 없는 원핵세포로 이루어진 생물**을 말합니다. 세균류가 바로 여기에 속합니다. 한편 핵막이 존재하여 세포질과 분리된 핵 속에 유전 물질이 들어있는 생물은 진핵생물이라 부릅니다. 원핵생물의 경우 세포 내 막으로 둘러싸인 세포 내 소기관도 존재하지 않아 진핵생물에 비해 간단한 구조를 가지고 있습니다.

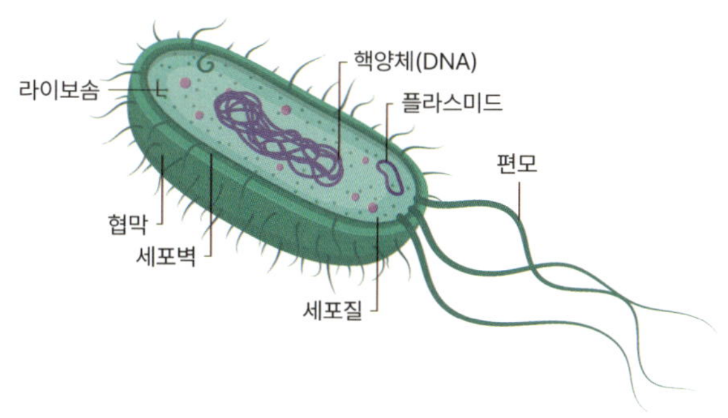

눈에 보이지 않는 미생물에는 바이러스도 있는데, 얼핏 세균과 비슷해 보이지만 생물학적으로 큰 차이가 있습니다. 먼저 크기 면에서 세균은 바이러스보다 훨씬 더 사이즈가 큽니다. 또 세균은 단세포 원핵생물이지만 바이러스는 단백질 껍질 속에 핵산(DNA 또는 RNA)이 들어 있는 단순한 구조를 가지고 있습니다. 세균과 바이러스는 개체수를 늘려 가는 증식 과정에도 차이가 있습니다. 세균은 자체 효소가 있어서 스스로 물질대사를 할 수 있지만 효소가 없는 바이러스는 스스로 물질대사가 불가능하기 때문에 숙주 세포 내에 침투해서 증식을 합니다.

세균은 우리 주변 거의 모든 곳에 서식합니다. 주로 분열법으로 번식하기 때문에 적합한 환경에서는 빠른 속도로 증식할 수 있습니다. 대부분의 세균은 인체에 무해합니다. 하지만 일부 세균은 감염된 생물의 조직을 파괴하거나 독소를 분비하여 질병을 일으킵니다. 예들 들어 결핵, 파상풍, 세균성 식중독, 세균성 폐렴, 위궤양, 콜레라, 탄저병, 장티푸스 등이 세균성 질병입니다. 이런 세균성 질병을 치료하려면 세균의 증식과 성장을 억제하는 물질인 항생제를 사용해야 합니다.

최초의 항생제 페니실린 발견

혹시 슈퍼박테리아에 대해 들어보신 적이 있나요? 슈퍼박테리아는 세균계의 슈퍼맨으로 어떠한 항생제도 듣지 않는 무적의 세균을 일컫는 말입니다. 최초의 항생제인 페니실린은 페니실리움Penicillium 곰팡이가 주변에 박테리아가 자라지 못한다는 사실을 발견하여 개발한 약제입니다. 그런데 여기서 한 가지 주목할 점은 페니실리움 곰팡이가 박테리아를 죽이는 항생물질을 분비하면서도 살아남는다는 것입니다. 이것은 그 곰팡이가 이런 항생물질에 대한 '내성 유전자'를 가지고 있기 때문입니다.

일반적으로 세균은 이런 내성유전자를 플라스미드plasmid라는 형태의 DNA로 가지고 있습니다. 플라스미드 DNA는 세균의 DNA와는 달리 복제가 쉽고 다른 세균으로 쉽게 옮겨 다닐 수 있는 특징을 갖습니다. 플라스미드는 세균의 생존에 반드시 필요한 것은 아니기 때문에 세균은 플라스미드를 필요에 따라 갖고 있기도 하고 때로는 버리기도 해요. 그런데 항생제가 많은 환경에서는 스스로 살아남기 위해서 항생제 내성 유전자가 있는 플라스미드 DNA를 갖는 '형질획득'을 합니다. 결국 이런 과정을 통해 인류의 항생제 개발 이후 그 어떤 강력한 항생제에도 내성이 있는 슈퍼박테리아가 출현할 수 있게 된 것입니다. 인류가 항생제를 많이 개발해도 이에 내성을 갖는 슈퍼박테리아가 속속 출몰한다면 어떻게 될까요? 항생제를 많이 쓸수록 슈퍼박테리아가 생겨나는 악순환이 생길지도 모릅니다. 그러니 이런 위험을 미연에 방지하려면 항생제를 오남용 없이 잘 사용해야 할 것입니다.

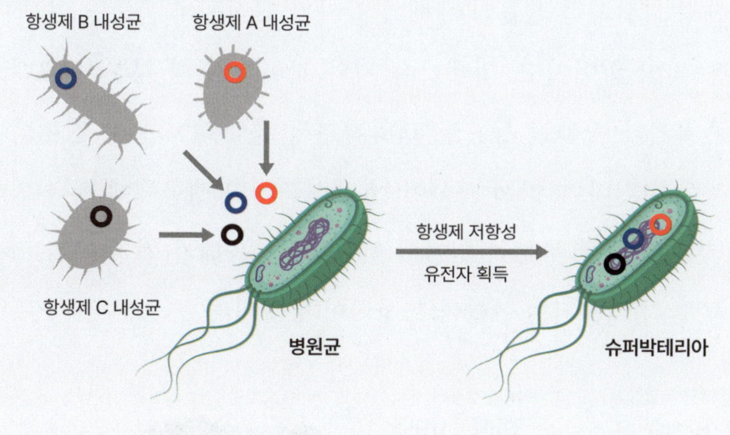

화석

앞서 말했듯이 원시지구에서 남세균이라는 세균을 통해 광합성이 이루어져 산소가 만들어지고, 또 이를 통해 오존이 생성되었습니다. 그렇다면 먼 과거에 생명체가 존재했었다는 사실은 어떻게 알 수 있을까요? 그것은 **과거 살았던 생명체의 흔적이 지층 속에 남아 보존**되었기 때문입니다. 이것이 바로 화석입니다. 뼈, 알, 발자국, 배설물, 기어간 흔적, 생물이 뚫은 구멍, 빙하나 호박 속에 간힌 생물 등이 모두 화석이 될 수 있습니다.

아래 그림처럼 생물의 유해가 갑자기 퇴적물에 묻히면 연한 부분은 썩어 없어지고, 껍데기나 뼈와 같이 단단한 부분이 그대로 보존되거나 광물질 등으로 채워지면서 화석화 작용이 진행되어 화석이 됩니다. 따라서 화석이 잘 생성되려면 생물체에 뼈나 껍데기 같은 단단한 부분이 있어야 하고, 생물 유해가 썩기 전에 퇴적층에 빨리 매몰되는 상황이 조성되어야 합니다.

화석은 크게 시상 화석과 표준 화석으로 분류합니다. **시상화석은 생물이 살던 환경을 알려주는 화석**입니다. 환경 변화에 민감하여 특정한 환경에서만 서식하며, 생존 기간이 길고 분포 면적이 좁은 특징을 가진 생물들이 이런 화석을 남깁니다. 예를 들어 1천만 년 전 지층에서 산호가 발견되었다면 과거 그 지층은 수심이 얕은 따뜻한 바다였음을 알 수 있습니다. 당연히 현재에도 생존하고 있거나 서식 환경을 알 수 있는 생물종이어야 과거 생물이 살던 환경을 추정할 수 있겠죠. 고사리(따뜻하고 습한 육지), 산호(따뜻하고 수심이 얕은 바다), 조개(얕은 바다나 갯벌) 등이 대표적인 시상화석의 예가 됩니다.

고사리 화석

산호화석

조개화석

표준화석은 지층의 생성 시대를 알려주는 화석입니다. 생존 기간이 짧고, 넓은 면적에 분포했던 생물종의 화석이 표준 화석이 되기 좋습니다. 특정한 시기에만 생존해야 화석이 발견된 지층의 생성 시기를 알 수 있는 거죠. 따라서 지질시대를 파악하는 데 많은 도움을 주는 화석입니다.

다음은 각 시기를 대표하는 표준화석들입니다.

선캄브리아기	스트로마톨라이트, 에디아카라 동물군
고생대	삼엽충, 완족류, 필석류, 갑주어, 방추충
중생대	공룡, 암모나이트, 시조새
신생대	화폐석, 매머드

혹시 암모나이트 화석이 히말라야산맥 최고봉인 에베레스트산 꼭대기에서 발견된 사실을 알고 있나요? 암모나이트는 중생대 바다에만 서식하던 생물 종이었습니다. 그렇다면 암모나이트가 중생대에 바다로부터 그 높은 에베레스트산 꼭대기까지 기어 올라간 걸까요? 암모나이트가 에베레스트산 정상까지 기어오를 리도 만무하겠지만 사실 중생대에는 에베레스트산 자체가 없었습니다. 즉 중생대 바다에 서식하던 암모나이트 화석을 통해 에베레스트산이 과거 바다였음을 알 수 있습니다. 그렇다면 지구에서 바다가 어떻게 산이 될 수 있는 걸까요? 그것은 지구의 대륙이 이동하기 때문입니다. 이렇게 **대륙 이동을 설명하는 지질학 이론을 판구조**

론이라고 합니다. 판구조론에 따르면, 지구 내부의 가장 바깥 부분은 지각과 상부 맨틀 일부를 포함한 영역인 암석권과 부분적으로 용융되어 유동성 있는 연약권으로 구성되어 있습니다. 여기서 연약권은 암석권보다 밀도가 크므로, 암석권이 연약권 위에 떠 있는 형태를 나타낼 수 있습니다.

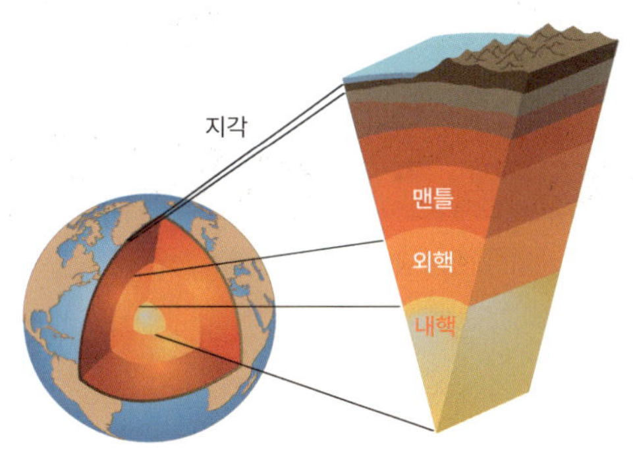

【 지구 레이어 】

암석권은 '판'이라 불리는 여러 조각들로 나뉘어져 있습니다. 지구 전체 표면은 약 10여 개의 '판'들로 이루어져 있는데, **'판'은 맨틀 대류를 하는 연약권의 움직임에 따라 이동**하게 됩니다.

히말라야산맥의 경우 신생대에 인도·오스트레일리아판과 유라시아판이 충돌하면서 만들어졌습니다. 이제 중생대에는 히말라야산맥이 아예 존재하지도 않았다는 말이 이해가 되나요? 인도·오스트레일리아판과 유라시아판은 모두 대륙판에 속하는데 밀도가 거의 비슷해 강력한 횡압력으로 서로 밀어붙이다가 두 판의 가장자리가 밀려 올라가 높은 산맥이 된 겁니다. 이렇게 만들어진 판의 경계는 충돌형 경계, 지형은 습곡 산맥이라고 부릅니다. 히말라야산맥은 습곡 산맥의 대표적인 예라고 할 수 있습니다.

【 판이 밀려 산이 되는 원리 】

　에베레스트산 꼭대기에서 발견된 암모나이트 화석의 의미를 이제 알 수 있겠지요? 그렇습니다. 지금 히말라야산맥 자리의 지층이 중생대 바다에서 생성된 후 신생대에 강한 지각 변동을 받아 육지로 변했음을 알려 주는 증거인 것입니다. 즉, 암모나이트라는 생물종은 중생대 바다에만 존재했었고, 그래서 표준 화석으로서의 가치가 있는 것이죠.

　우리나라에도 지구 역사의 놀라운 흔적들이 많습니다. 유네스코에서는 지질학적으로 연구와 보존 가치가 높은 곳을 세계지질공원으로 지정하고 있는데요, 2025년 현재 제주도, 경기도 한탄강 일대, 경북 청송군, 전남 무등산 일대와 전북 서해안권, 충북 단양과 경북 동해안 등 7곳이 지정되어 있습니다. 이곳에서 협곡, 주상 절리, 공룡발자국 등 여러 흔적을 직접 볼 수 있답니다.

지질시대

앞서 언급한 화석이 존재할 수 있었던 것은 지구의 오랜 역사와 함께 하고 있기 때문입니다. 이러한 지구의 역사, 즉 **지구가 탄생한 약 46억 년 전부터 현재까지의 시간을 이론적으로 지질시대라고** 합니다. 지질시대는 **생물계의 급격한 변화(화석의 변화)나 대규모 지각 변동(부정합)을 기준**으로 경계를 나누는데 크게 **선캄브리아대, 고생대, 중생대, 신생대로 구분**합니다. 화석을 기준으로 보자면, 선캄브리아대는 생물의 개체 수가 적었고 대부분 단단한 골격이 없었으며 많은 지각 변동과 풍화 작용을 받아 화석이 거의 발견되지 않던 시대입니다. 그 이후부터는 화석이 많이 발견되면서 생물의 변화를 기준으로 고생대, 중생대, 신생대로 구분하게 됩니다.

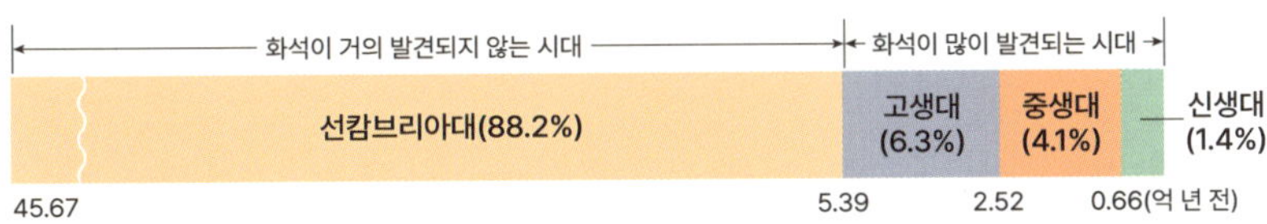

지질시대를 12시간으로 표현하면, 상대적 길이에 따라 고생대는 10시 35분, 중생대는 11시 21분, 신생대는 11시 50분에 시작한 셈입니다. 따라서 상대적 길이는 선캄브리아 시대 ≫ 고생대 > 중생대 > 신생대 순임을 알 수 있습니다.

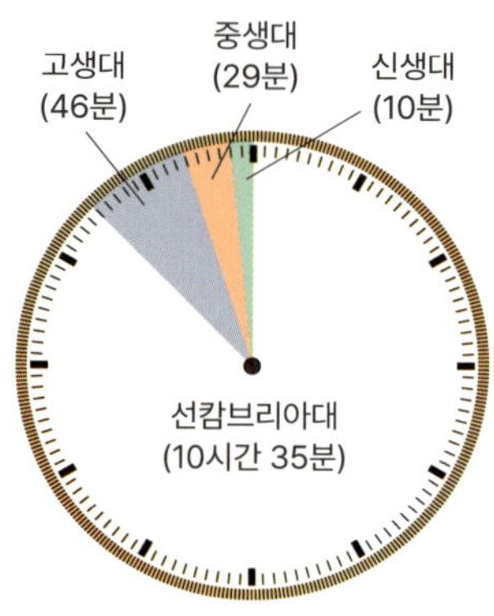

선캄브리아대 초기에는 오존층이 형성되지 않아서 태양의 강한 자외선이 지구표면에 도달했고, 대체적으로 온난했습니다. 말기에 빙하기가 있었을 것으로 추정되고 있습니다. 지각 변동이 잦았던 데다 화석이 매우 적어 수륙 분포가 어떠했는지 정확히 알기 어렵습니다. 생물에 유해한 자외선이 바다 속에는 닿지 않았기 때문에 최초의 생명체는 바다에서 출현하게 되었습니다. 선캄브리아대 말기에는 다세포 생물이 출현하면서 생물군이 급속도로 다양해지기 시작합니다.

고생대에 가서 중기에는 오존층이 형성되어 자외선 차단이 이루어지면서 육상 생물이 출현합니다. 육상 식물의 광합성으로 대기 중 산소 농도가 높아집니다. 하지만 고생대 말기에는 빙하기가 도래했을 뿐 아니라 모든 대륙이 모여 **초대륙(판게아)**을 형성하는 급격한 환경 변화로 인해 **생물의 대멸종**이 발생하게 됩니다. 이 대멸종은 3차 대멸종으로 지질시대 통틀어 **가장 큰 규모의 생물 멸종**이 었습니다.

【 고생대 】

고생대 초기에는 **삼엽충과 완족류** 등이 바다에 출현했습니다. 중기에는 고사리와 같은 다양한 **양치식물**이 출현하여 큰 삼림을 이루었으며, 바다에서는 척추동물인 갑주어 등의 어류가 번성하게 됩니다. 말기에는 방추충과 곤충이 번성하였습니다. 특히 곤충은 다양하게 번성하여 당시 생태계를 대표하는 생물이 되었습니다. 날개의 길이가 70cm나 되는 거대 곤충들이 날아다니곤 했답니다. 혹시 스타크래프트라는 게임을 알고 있다면 저그 종족의 뮤탈리스크를 떠올리면 비슷하지 않을까 싶네요. 이 시기에는 **양서류**도 크게 번성하여 수백만 년 동안 육지를 지배하였습니다.

중생대는 화산 활동 등으로 대기 중 이산화탄소의 양이 증가했고, 이로 인한 온실 효과로 **빙하기 없이 전반적으로 온난**했습니다. 판게아가 분리되면서 대서양과 인도양이 형성되기 시작한 시기이기도 합니다. 또한 활발한 지각 변동으로 로키산맥과 안데스산맥

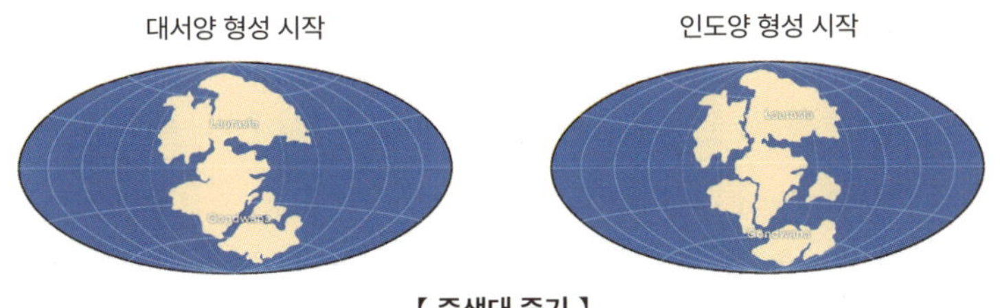

【 중생대 중기 】

이 형성되기 시작합니다.

중생대는 파충류의 시대로 **파충류와 겉씨식물이 번성**했습니다. 하지만 소행성 충돌, 대규모 화산 폭발, 성비 불균형 등의 원인으로 말기에는 암모나이트와 공룡이 멸종하는 대멸종이 발생합니다.

신생대는 전기에는 대체로 온난했으나 후기에 빙하기와 간빙기가 반복되어 **네 번의 빙하기와 세 번의 간빙기**가 있었습니다. 대서양과 인도양이 점점 넓어지고, 태평양이 좁아졌으며 알프스산맥과 히말라야산맥이 형성되어 현재와 비슷한 수륙 분포를 형성하게 됩니다.

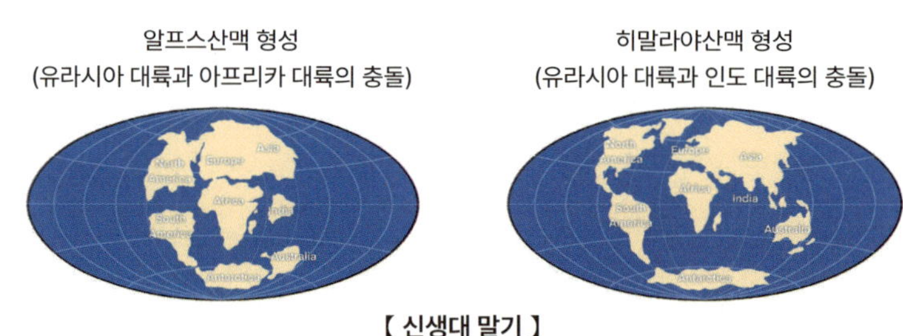

【 신생대 말기 】

빙하기에 해수면이 낮아지면서 얕은 바다였던 곳이 육지로 드러나 생물이 여러 대륙으로 이동하였고, 넓은 초원이 형성되어 초식동물이 진화하게 됩니다.

신생대를 대표하는 척추동물은 **포유류**와 조류입니다. 특히 포유류는 정온 동물로 추운 기후일 때에도 생존이 가능해 빙하기를 버텨낼 수 있었습니다. 또한 **속씨식물**이 번성하고, **신생대 제4기에 인류의 직계 조상이 최초로 출현**합니다.

지질시대를 살펴보다 보면 세상이 참 아이러니하다는 생각이 들곤 합니다. 다양한 종류의 생물들의 흥망성쇠가 지질시대 안에 모두 녹아 있잖아요. 급격하게 변한 지구 환경에 적응을 못한 생물은 멸종하고, 새로운 환경에 적응한 생물은 다양한 종으로 진화해 생물 다양성 증가에 기여합니다. 예를 들면 중생대 말기에 공룡은 지구상에서 멸종하였지만, 포유류는 환경에 적응해 살아남아 신생대에 번성한 것처럼 말이죠. 지질시대 동안 많은 멸종과 대멸종을 거치면서 새로운 여러 생물이 탄생할 수 있었고, 결국 우리 인류도 이런 과정을 통해 세상에 출현할 수 있었던 거죠. 어느 생물종에게는 최대의 비극인 대멸종이 다른 종에는 새로운 생명 탄생의 원동력이 될 수도 있다니, 아이러니하지 않나요?

태양풍이 만들어 내는 오로라

기권의 층상 구조

기온 분포에 따라 대기권 구분이 뚜렷

지구 생명체가 광합성을 해서 생성된 산소는 자외선을 받아 오존으로 바뀌고, 결국은 성층권에서 오존층을 형성합니다. 성층권은 무엇이고 오존층은 왜 성층권에서 만들어지는지 알기 위해 우선 지구 대기권 구조부터 살펴봅시다.

일반적으로 지구를 둘러싸고 있는 약 1,000km 두께의 공기층을 기권이라고 부릅니다. 맞아요. 흔히 일기예보에서 말하는 '대기'가 어떻다고 말하는 그 대기권을 뜻해요. **기권은 높이에 따른 기온 분포를 기준으로 크게 대류권, 성층권, 중간권, 열권으로 구분**합니다. 지구를 둘러싼 이 어마어마한 두꺼운 공기층은 지구에 여러 가지

역할을 합니다. 오존층이 유리덮개라면 기권은 유리막을 위 아래로 둘러싼 스펀지라고 할 수 있어요.

우선 지구를 둘러싼 기권에 존재하는 이산화탄소와 수증기는 온실효과를 일으켜 지표면의 온도를 일정한 범위 내에서 유지시키는 역할을 하고 있습니다. 성층권에 존재하는 오존층은 지표에 도달하는 자외선을 차단하여 지상의 생명체를 보호하는 역할을 하죠. 그뿐이 아닙니다. 우주에서 지구로 유입되는 유성체가 지표면에 직접 충돌하는 것을 막아 지상의 생명체를 보호하고 있지요. 또한 생물의 호흡과 광합성에 필요한 산소와 이산화탄소를 제공하여 생명 활동을 유지할 수 있게 하며, 지표가 방출하는 열을 흡수하여 지구를 보온하여 지표면의 온도차를 줄이는 역할도 합니다.

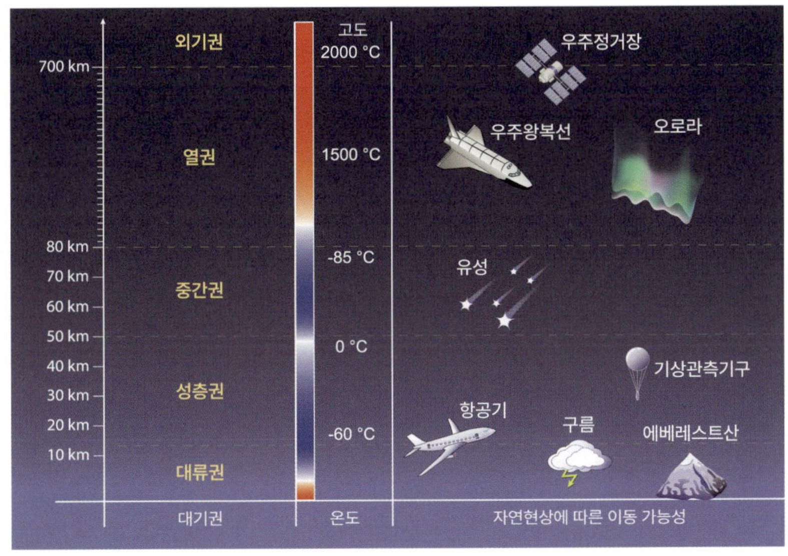

지표면에서 가장 가까운 대류권에 전체 기체의 약 75%가 분포합니다. 수증기가 존재하는 영역으로 구름, 비, 눈 같은 기상 현상이 발생하죠. 그리고 고도가 상승할수록 기온이 낮아집니다.

성층권에는 중간 지점인 약 20km~30km에 오존층이 존재합니다. 오존층에서는 태양광선의 유해한 자외선을 흡수하여 생물을 보호합니다. 자외선을 흡수하기 때문에 고도가 상승할수록 기온이 높아집니다. 비행기 항로로 주로 이용되는 기권이기도 합니다.

중간권에서는 고도가 상승할수록 기온이 낮아집니다. 대류 현상이 일어나지만 수증기가 없기 때문에 기상현상은 거의 발생하지 않습니다. 이 기권에서 주로 유성이 관측됩니다. 우주에서 지구 대기권에 진입하는 물체가 이 부근에서 공기층과 부딪쳐 고온으로 가열되어 에너지와 열을 얻게 된 기체 분자가 플라즈마화하기 때문입니다.

열권은 고도가 높아질수록 기온이 상승합니다. 대기가 희박하여 태양 복사 에너지를 받으면 기체 분자의 운동 에너지가 커지기 때문입니다. 이 기권에서는 대기가 거의 없기 때문에 낮과 밤의 일교차가 매우 크게 나타납니다. 오로라가 관측되는 곳이기도 합니다.

핀란드는 오로라 관측지로 유명한 곳으로, 종종 여행 프로그램에서 소개됩니다. 오로라 관측을 위해 천장이 뚫린 이글루 숙소는 사람들의 로망을 불러일으키지요.

오로라는 핀란드처럼 고위도 지방의 열권 상층부에서 주로 발

견뒵니다. 태양으로부터 방출되어 밀려 온 고속의 전기를 띤 입자들이 지구 외핵의 대류에 의해 만들어진 지구 자기장에 끌려 들어와 상층 대기의 기체 분자들과 충돌하여 아름다운 빛을 연출합니다. 오로라 색은 만나는 기체에 따라 달라집니다. 산소 고밀도면 녹색, 산소 저밀도면 붉은색이 보이고 고밀도 질소와 만나면 보라색을 연출합니다. 저밀도 질소에서는 푸른색이 나타나고 네온과 만나면 황색을 띱니다. 자극에 가까운 북반구와 남반구의 고위도 지방에 가까울수록 관측이 쉽기 때문에 극광으로도 불립니다. 또한 지상에서 90~250km 상공에 거대한 커튼처럼 펼쳐져 '오로라 커튼'이라고도 합니다. 오로라의 어원은 '새벽'이라는 뜻을 가진 라틴어에서 유래했는데, 로마신화에 등장하는 새벽의 여신 아우로라의 이름에서 따왔다고 하죠.

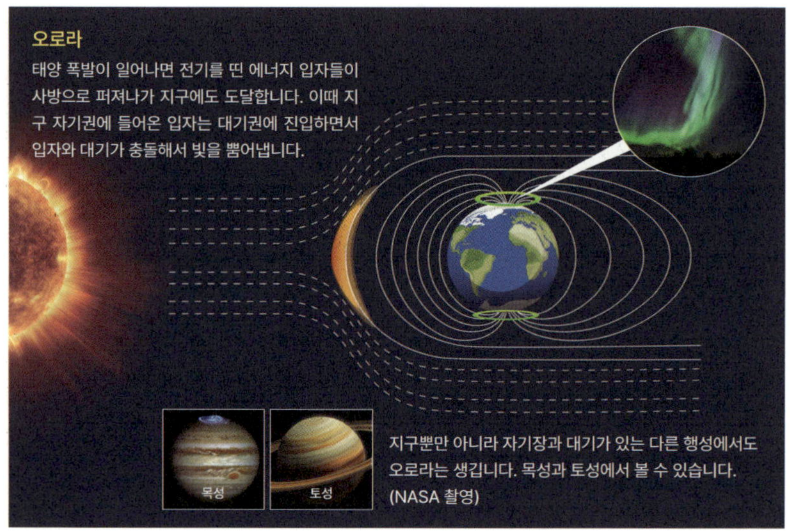

열의 전달 방식

쇠 국자에 손잡이를 다는 이유

기권이 지구를 둘러싸고 다양한 변화를 나타내는 것은 온도 때
문입니다. 이 온도 변화는 열이 이동하면서 일어나는데요, 어떤 연
관성이 있는지 알아봅시다.

열의 전달 방식에는 전도, 대류, 복사의 3가지가 있습니다.

전도는 물질을 구성하는 입자들이 충돌하면서 열이 이동하는
방식입니다. 뜨거운 국에 숟가락을 넣어 두면 숟가락도 뜨거워지
지요. 이렇게 접촉하고 있는 물질을 통해 열이 전달되는 걸 전도
라고 합니다. 그런데 나무 국자는 뜨거운 국에 넣어 놔도 쇠숟가

락만큼 뜨거워지지 않아요. 금속과 비금속 물질 간에는 열 전달율에 차이가 있기 때문이랍니다.

금속의 경우 자유전자가 들어 있어 자유롭게 움직이며 빠르게 에너지를 전달합니다. 열 전도가 매우 빠르게 진행되는 거죠. 한편 금속이 아닌 플라스틱, 고무, 나무 등은 자유전자를 가지고 있지 않기 때문에 열이 빨리 전달되지 않습니다. 프라이팬은 열이 잘 전도되는 금속으로 만들고, 손잡이는 열이 잘 전도되지 않는 플라스틱으로 만드는 것도 이런 이유에서입니다.

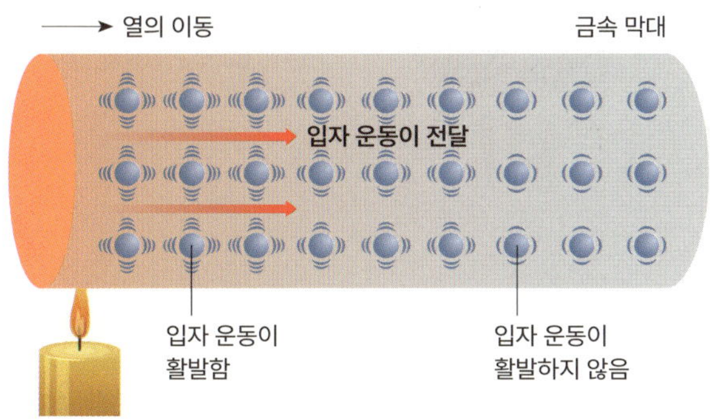

대류라는 단어도 많이 들어보았을 겁니다. 대류는 '유체 내에서의 분자들이 확산이나 이류를 통해 이동하는 현상'입니다. 유체는 외부의 작은 힘에도 견디지 못하고 쉽게 변형되면서 움직이는 액체나 기체 상태를 의미하는데, 대류는 이런 유체의 흐름으로 열이 전달되는 방식입니다. 온도가 높은 유체는 밀도가 낮아져 위로 상승하고, 온도가 낮은 유체는 밀도가 높아져 아래로 내려가며 순환하는 과정에서 열이 전달됩니다.

쉽게 확인하는 방법이 있어요. 라면 자주 끓여 먹죠? 라면물이 끓을 때 건더기 스프를 넣어 보세요. 가라앉은 건더기 스프가 뜨거운 물을 머금으면 위로 올라와요. 그리고 다시 가라앉고 떠오르기를 반복하죠. 액체인 라면 냄비 속의 물은 대류 현상에 의해 한 냄비 안에 있는 물에 열을 전달하는 겁니다.

기체에서 일어나는 대류 현상은 난방할 때 쉽게 확인할 수 있어요. 실내에 난로를 켜면 주변의 공기는 운동 에너지가 커지고 차가운 공기와의 밀도 차이로 위로 상승합니다. 위로 상승한 공기는 주변에 에너지를 전달하고 온도가 떨어집니다. 그러면 밀도가 커져서 다시 아래로 내려옵니다. 이런 과정을 통해 공기가 순환하면서, 즉 대류 현상이 일어나면서 실내가 따뜻해지는 것입니다.

하지만 무중력 상태에서는 대류가 일어날 수 없습니다. 중력이 작용하는 공간에서 에너지를 얻어 온도가 높아진 기체나 액체는 밀도가 작아져 위로 올라가고, 온도가 낮아진 유체는 밀도가 커져 아래로 내려가는 것이 대류의 원리인데 중력이 존재하지 않으면 밀도 차가 생겨도 무게 차이가 생기지 않아 대류가 일어날 수 없게 되는 겁니다. 온도가 높아져 기체 분자 운동 에너지가 커지게 되고, 이로 인해 밀도가 작아지게 되더라도 중력에 의해 생기는 무게가 줄어들지 않으면 위로 올라갈 수가 없는 거죠. 공기와 물의 순환이 이루어지는 기상현상도 이런 대류의 한 예입니다.

복사는 물질의 도움 없이 열이 직접 이동하는 방법입니다. 매개 물질 없이 열이 전달되는 방법인데, 3가지 전달 방법 중 전달 속도가 가장 빠르죠. 야외 모닥불 앞에 앉아 있으면 금방 따뜻해진다거나 태양열이 빛의 형태로 우주 공간을 지나 지구에 도달하는 것 등이 복사의 예가 됩니다.

복사는 전자기파를 통해 열을 전달합니다. 태양도 복사의 방식으로 열을 방출하고, 인간도 복사의 방식으로 열을 방출합니다. 태양빛은 가시광선, 자외선, 적외선, X선 등을 다양하게 방출하지만 인간은 적외선을 방출한다는 차이가 있을 뿐입니다. 방울뱀은 어두운 곳에서도 쉽게 사냥할 수 있다고 하죠. 주변의 생명체에서 복사되는 적외선을 감지하는 능력을 가지고 있어 눈에 보이지 않는 사냥감을 추적할 수 있기 때문이랍니다.

기권 층상 구조의 변화

지구 시스템은 지권, 기권, 수권, 생물권, 외권의 다섯 개 권역으로 구성되어 있습니다. 그 중 기권은 높이와 온도 분포에 따라 독특한 층상 구조를 갖습니다. 그런데 이 층상 구조는 오존층 형성 이전과 오존층 형성 이후에 큰 변화가 있습니다.

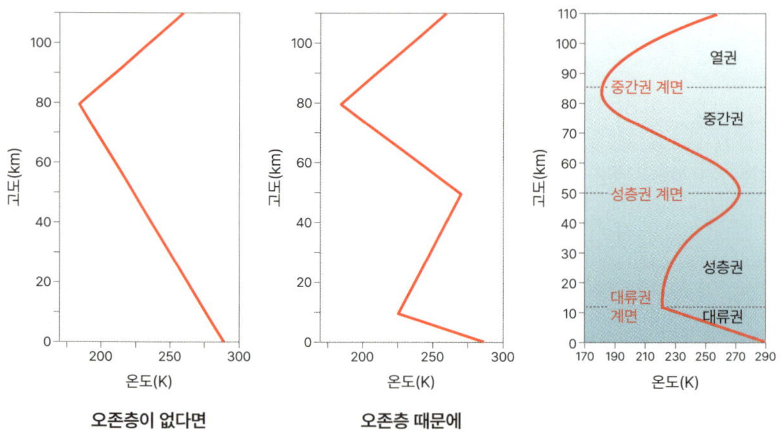

오존층이 형성되기 이전의 기권은 위 그래프에서 보는 것과 같은 층상 구조를 가집니다. 지표면에서 가까운 구간에서는 고도가 높아질수록 온도가 하강합니다. 그것은 고도가 높아짐에 따라 지표에서 방출되는 지구 복사 에너지의 도달량이 감소하기 때문입니다. 반면 지표면에서 먼 구간에서는 고도가 높아질수록 온도가 상승합니다. 그것은 대기가 희박하여 태양 복사 에너지를 받으면 기체의 운동 에너지가 커지기 때문입니다.

　지구 복사 에너지는 지구가 외부로 방출하는 에너지인데 지구의 평균 온도는 약 15℃ 정도로 낮은 편이라 주로 적외선 영역의 에너지를 방출합니다. 그런데 적외선 영역은 에너지가 작고, 투과력도 적은 편이라 지구 대기에 대부분 붙잡히게 되는 거죠. 그 결과 지표면에 가까운 대기부터 지구 복사 에너지를 흡수하게 되므로 높이 올라갈수록 도달하는 지구 복사 에너지의 양이 작아져 기온이 내려가는 겁니다.

　반면, 오존층 형성 이후의 기권의 층상 구조는 아래와 같습니다.

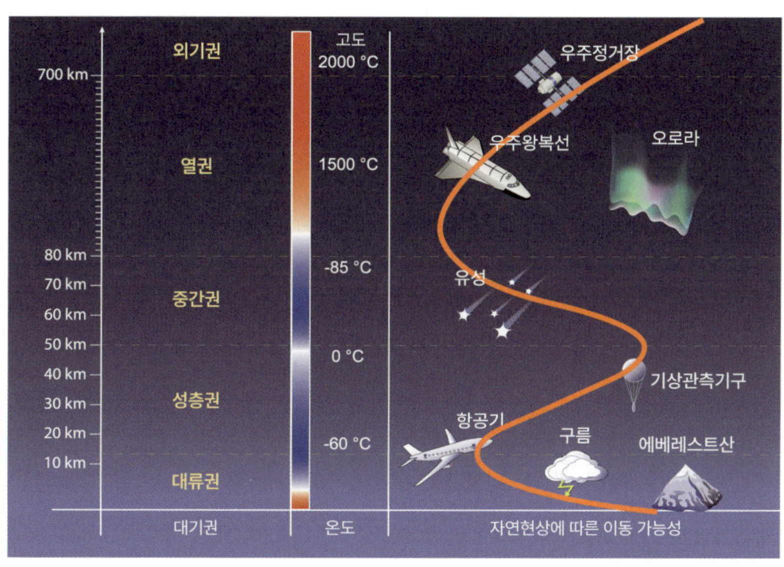

　기권은 높이에 따른 기온 분포를 기준으로 대류권, 성층권, 중간권, 열권으로 나누어집니다. 오존층 형성 이전과 비교하여 가장 큰

차이점은 기온 분포가 성층권에서 반대로 한 번 꺾이게 된다는 겁니다. 이는 오존층이 태양으로부터 오는 자외선을 흡수해 기온이 상승하게 되는 것인데, 오존층은 위에서부터 자외선을 흡수하므로 위쪽이 더 기온이 높아지게 되어 층상 구조에 큰 변화가 생기게 됩니다.

기권의 층상 구조를 가만히 들여다보면 대류권과 중간권에서는 높이 올라갈수록 기온이 낮아지고, 성층권과 열권에서는 높이 올라갈수록 기온이 높아진다는 걸 알 수 있어요. 온도가 높아질수록 기체 분자 운동 에너지가 커져 부피가 증가하고 밀도는 작아지고, 온도가 낮아질수록 기체 분자 운동 에너지가 작아져 부피가 감소하고 밀도는 커지게 되죠.

중력이 존재할 때 밀도가 큰 공기가 위에 있고, 밀도가 작은 공기가 아래 있으면 대기가 불안정해집니다. 밀도 차이로 아래에 위치한 분자들이 위로 올라가기 때문입니다. 그 결과 대류가 발생합니다. 즉, 높이 올라갈수록 온도가 낮아지는 기온 분포에서만 대류가 일어날 수 있는 거죠.

그렇다면 이를 기권의 층상 구조에 적용해 볼까요? 대류권과 중간권은 높아질수록 기온이 낮아지니 불안정한 대기로 인해 대류가 발생할 수 있습니다. 하지만 성층권이나 열권은 높아질수록 기온이 높아지기 때문에 대류가 발생하지 않는 안정한 층이 되죠. 대류권에서는 활발한 대류로 수증기가 상승합니다. 수증기가 상승하면 단열팽창으로 기온이 하강합니다. 기온이 점점 내려가 이

슬점에 도달하면 수증기가 응결하여 작은 물방울이나 빙정이 되는데, 이것이 모여 구름이 만들어집니다. 구름이 생성되면 비, 눈 같은 기상현상이 나타납니다. 중간권에서는 대류권과 마찬가지로 대류가 발생하지만 지표면에서 멀리 떨어져 있어 공기가 희박하고 수증기도 거의 없습니다. 그래서 기상현상은 나타나지 않습니다. 이런 관계를 표로 정리하면 다음과 같습니다.

	대류 현상	기상 현상
대류권	○	○
성층권	X	X
중간권	○	X
열권	X	X

만일 지구에 오존층이 생성되지 않았다면 자외선이 차단되지 않아 육상 생물이 출현할 수 없었을 것입니다. 또한 오존의 자외선 흡수로 높이 올라갈수록 기온이 상승하는 성층권도 존재할 수 없었을 거예요. 앞서 설명했듯이 대류권에서는 대류로 인해 대기가 불안정합니다. 하지만 대류 현상이 발생하지 않는 성층권은 대기가 안정적입니다.

오존층이 있기 때문에 비행기도 안심하고 탈 수 있습니다. 비행기가 이륙하고 어느 정도 시간이 흐르면 "Unfasten your seat belt." 라는 방송이 나옵니다. 비행 상황에 따라 다르지만 대략 이륙 후 4~10분이 지나 비행 고도가 10000ft(약 3km)를 넘어서면 안정적인 고도를 확보했으므로, 기류가 안정되어 있어 안전벨트를 풀어도 괜찮다는 방송인 거죠. 그때부터 걸어 다니거나 화장실을 갈 수 있습니다. 비행기는 이후 고도를 조금 더 높여 대류권을 지나 성층권까지 도달한 다음 고도를 유지하며 비행합니다.

성층권과 달리 대류권에서는 높이 올라갈수록 기온이 낮아지기 때문에 밀도가 작고 가벼운 공기가 아래쪽에, 밀도가 크고 무거운 공기가 위쪽에 위치하게 됩니다. 그 결과 무거운 공기가 아래로 내려오려 하기 때문에 대류 현상이 일어나고, 수증기가 응결되어 구름이 만들어지고, 비나 눈이 내리는 기상현상이 발생하게 됩니다. 기류의 영향을 많이 받는 항공기 입장에서는 대류와 기상현상이 발생하는 대류권이 비행하기에 좋은 조건이 아닙니다. 그래서 성층권을 비행기 항로로 주로 이용하게 되는 겁니다.

만일 오존층이 형성되지 않아 성층권과 중간권이 형성되지 않았다면 대류 현상이 활발히 일어나는 대류권에서 비행할 수밖에 없었을 것입니다. 그러면 불안정한 대기로 인해 위험천만한 상황이 자주 발생했을 겁니다. 그렇다고 대기가 안정적인 열권까지 비행기를 상승시킬 수도 없습니다. 그 구간은 약 80km 이상의 높이라 항공기가 지구 중력의 영향을 거의 받을 수 없어 비행하기에 오히려 더 위험할 수 있기 때문입니다. 자칫하면 중력의 영향권에서 벗어나는 사태가 발생할 수도 있으니까요.

지금의 오존층은 어떻게 만들어졌을까?

오존은 자외선이 만든다

앞서 말했듯이 오존층은 오존 분자가 성층권에 쌓여 일정 두께 이상의 층을 형성한 것으로 태양으로부터 오는 자외선을 차단하는 역할을 합니다. 오존층은 지금으로부터 4.7억 년 전 고생대 중기에 의미 있는 두께를 형성했는데, 그 덕분에 자외선이 차단되면서 드디어 지구에 육상 생물이 출현하게 된 겁니다. 오존층 형성이 지질시대 상에 큰 의미를 갖는 한 획을 긋게 된 거죠.

그렇다면 오존 분자는 도대체 어떻게 지구에 생겨나게 된 것일까요? 오존 분자는 산소 분자와 마찬가지로 산소 원자로부터 만들어집니다. 그래서 상호 변환이 가능했던 거죠. 재미있는 사실은 오존 생성의 원인 또한 자외선이었던 겁니다. 자외선으로 인해 만들어진 오존 분자가 층을 이루어 자외선을 막는 일을 하게 되다니, 정말 아이러니하지 않나요? 오존 분자는 다음과 같은 복잡한 화학 반응을 통해 산소로부터 생성됩니다.

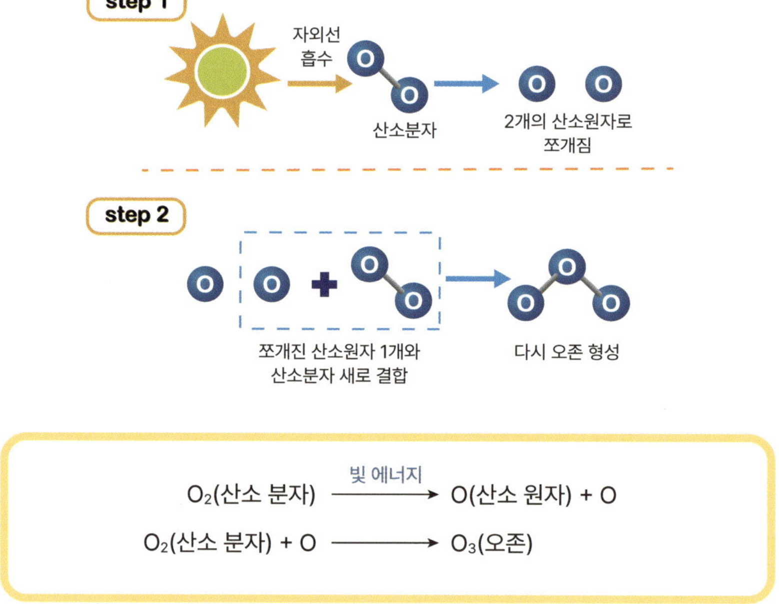

여기서 오존 분자가 산소 분자로부터 자외선을 받아 생성되기 시작했다면 산소 분자는 또 지구상에 어떻게 등장하게 되었을까요? 이 과정은 앞에서 언급했던 광합성과 관련이 있습니다. 광합성은 녹색 식물이 엽록체에서 빛 에너지를 이용하여 이산화탄소와 물을 재료로 포도당을 합성하는 과정인데, 그 부산물로 산소가 발생합니다.

그런데 지구에 육상 생물이 출현하게 된 것은 오존층이 생성된 이후입니다. 그렇다면 녹색 식물이 광합성을 해서 산소를 만들고, 이 산소가 자외선을 받아 오존 분자를 생성했다는 것은 논리적으로 선후관계가 전혀 맞지 않게 됩니다. 녹색 식물이 오존 분자 생성의 출발점인데, 오존층이 없으면 녹색 식물의 출현도 불가능한 모순이 생기니까요. 이 문제의 해답은 육상의 녹색 식물 출현 이전에 무엇인가 광합성으로 산소를 생성했다는 것입니다. 그 주인공은 바로 광합성을 하는 남세균(사이아노박테리아)이라는 세균이었습니다.

과거 산소가 없던 원시 지구에는 무산소 조건에서 생육하는 혐기성 세균만 존재했습니다. 이 혐기성 세균이 진화하여 빛 에너지로 산소를 만드는 광합성 세균이 탄생했는데, 그것이 바로 남세균입니다. 남세균은 약 35억 년 전에 등장한 생물로 광합성을 통해 원시 지구에 산소를 공급하기 시작했습니다. 지금이야 광합성으로 산소를 만드는 식물들이 넘쳐나지만 원시 지구에 남세균이 출현하지 않았다면 지구상에 산소가 충분히 공급될 수 없었을 것이고, 오존층 역시 생성될 수 없었을 겁니다. 또 오존층이 없었다면 지구 생명체들이 진화한다 해도 수중에서 생활하는 해양 생물 외에 다른 생물은 출현할 수가 없었을 겁니다.

광합성을 하는 남세균이 번성하면서 바다 속은 산소로 가득 채워졌습니다. 그리고 약 24억 년 전부터 대기 중 산소 농도가 점점 증가하게 됩니다.

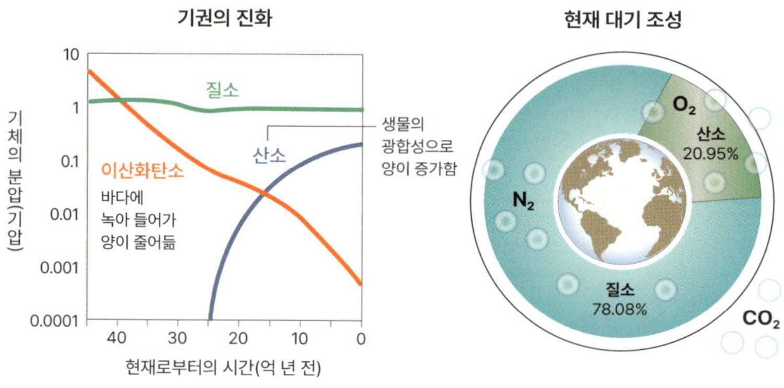

남세균은 35억 년 전부터 등장해 지구에 산소를 공급하기 시작했는데, 왜 대기 중에는 훨씬 후인 약 24억 년 전부터 산소가 증가하게 되었을까요? 이 시간 차는 호상철광층의 존재로 설명이 가능합니다. 호상철광층은 영어로 'Banded Iron Formation(BIF)'이라고 합니다. 직역하면 띠를 이루는 '철광층'이라는 뜻입니다. 바다속에 용해된 철 이온이 산소와 반응하여 산화철로 변한 후 대량으로 해저에 퇴적되어 얇은 띠 모양의 층을 이룬 것입니다. 약 24억 년 전부터 대량으로 형성된 호상철광층은 지각변동으로 융기해 철광산으로 개발되어, 오늘날 생산되는 철광물의 약 90%를 차지하고 있습니다.

남세균이 광합성을 통해 만들어 낸 산소는 바다 속에 용해되어 있는 철 이온과 산화 반응을 일으켜 산화철을 형성하여 해저에 침전되었습니다. 이것이 바로 호상철광층입니다. 이렇게 처음에 생성된 산소는 약 24억 년 전까지 호상철광층을 형성하며 바다에 갇혀 있었습니다. 그러다가 바다 속의 철이 모두 소모된 이후 포화

상태의 산소가 대기로 방출되기 시작했고, 지구 대기 중 산소 농도 또한 점점 증가했습니다. 대기 중에서 자외선을 받아 산소는 오존 분자로 변했습니다. 그리고 그것이 성층권에 축적되어 현재의 오존층이 만들어진 것입니다.

원시 지구 대양에서 맹활약했던 남세균은 광합성을 할 때 이산화탄소를 흡수하여 탄산칼슘을 만들고 산소를 배출합니다. 우리가 알고 있는 일반적인 녹색식물의 광합성과는 좀 다른 방식이죠. 남세균은 낮에는 광합성을 하지만 밤이 되면 점액질을 방출하여 자신의 몸을 보호합니다. 이때 남세균이 만든 탄산칼슘 알갱이와 물속을 떠다니던 모래, 미립자 등이 끈적끈적한 표면에 달라붙어 얇은 퇴적층을 형성합니다. 이러한 과정이 반복되면 여러 겹으로 쌓여 스트로마톨라이트라는 퇴적 구조가 생성됩니다.

스트로마톨라이트는 화석이 거의 발견되지 않는 선캄브리아대의 가장 오래된 생물의 흔적 중 하나입니다. 스트로마톨라이트는 화석은 전 세계 곳곳에 산재해 있는데, 우리나라의 경우 인천광역시 옹진군 소청도, 강원도 영월군 문곡리 등에서 발견되고 있습니다.

한 가지 놀라운 사실은 지금도 자라고 있는 스트로마톨라이트가 존재한다는 것입니다. 호주 서부에 위치한 샤크만Shark Bay에는 수십억 년 전과 마찬가지로 아직도 '살아있는 화석' 스트로마톨라이트가 번성하고 있습니다. 유네스코 세계유산 중 자연유산에 등재된 샤크만은 매우 뛰어난 생태계 특성을 세 가지나 지니고 있습

【 호주의 호상철광층 】

【 호주 샤크만 스트로마톨라이트 】

니다. 4,800km³에 걸친 세계에서 가장 거대하고 풍성한 해조 숲이 있고, 듀공dugong, 바다소 개체군이 서식하고, 지구에서 가장 오래된 생명체 가운데 하나인 스트로마톨라이트stromatolite, 콜로니 퇴적물 화석으로, 딱딱한 돔 모양가 바로 그 세 가지입니다. 이밖에도 샤크만은 멸종 위기에 처한 5종의 포유동물 서식지이기도 합니다.

　오존층이라는 단어 하나에 이렇게 많은 과학적 사실들이 서로 맞물려 있는 건 경이롭기까지 합니다. 내가 과학을 꼬꼬무(꼬리에 꼬리를 무는 이야기)라고 부르는 것도 이 때문이랍니다. 물리, 화학, 생명과학, 지구과학이라는 분류는 사람들이 편의를 위해 나누어 놓은 것일 뿐, 과학이라는 학문 자체는 인과관계에 의해 모든 것이 연결된 한 편의 거대한 파노라마입니다.

프린트를 사용할 때 환기가 필요한 이유

오존은 산소 원자 3개가 결합해 만들어진 분자로 산소 분자와는 매우 다른 성질을 가지고 있습니다. 무색, 무취의 산소 분자와 달리 오존 분자는 비릿한 냄새가 나고 강한 반응성을 가지고 있어 살균, 탈취, 탈색 등이 가능합니다. 오존이 독성을 가지고 있기 때문입니다. 그래서 일정 농도 이상의 오존에 노출되면 건강을 해칠 수 있습니다.

일반적으로 오존은 살균이 필요한 정수장이나 병원과 같은 곳에서 이용되고 있습니다. 일상생활에서는 공기청정기, 피부미용기, 복사기, 레이저프린트 등을 사용할 때 오존이 발생할 수 있습니다. 학원이나 학교 복사실 문 앞에는 '오존이 많이 발생하니 반드시 문을 닫아 주세요.'라는 문구가 종종 붙어 있곤 합니다. 복사기를 오래 사용하면 목이 잠기고 눈이 따갑고 머리가 지근지근 아픈 느낌이 들 때가 있습니다. 복사기에서 발생된 오존이 피부와 눈이나 호흡기 점막을 자극하기 때문입니다.

오존을 지속적으로 흡입하게 되면 호흡기 질환이나 심혈관 문제 등이 생길 수 있습니다. 그러니 실내 공간에서 오존을 발생시키는 기기를 사용할 때에는 반드시 환기를 시켜 실내 오존 농도가 높아지지 않도록 유의할 필요가 있습니다.

✅ 오존층

지표면으로부터 고도 약 20~30km의 성층권에 분포 → 자외선 차

단 → 지상에 존재하는 생명체 보호 가능 → 육상 생물 출현

✅ 광합성

태양의 빛 에너지를 흡수해 이산화탄소와 물을 원료로 포도당과

산소를 생성하는 반응(빛 에너지 → 화학 에너지)

✅ 진핵세포 Vs 원핵세포

① 진핵세포 : 핵막, 막성 소기관 존재

② 원핵세포 : 핵막, 막성 소기관 부재

✅ 시상화석 Vs 표준화석

① 시상화석 : 생물이 살던 환경 반영

　예) 고사리, 산호 등

② 표준화석 : 생물이 살던 시대 반영

　예) 삼엽충, 암모나이트, 화폐석, 공룡, 매머드 등

✅ 지질시대

지구가 탄생한 약 46억 년 전부터 현재까지의 시간 → 생물계의 급

격한 변화(화석의 변화)나 대규모 지각 변동(부정합)을 기준으로 선캄브리아대, 고생대, 중생대, 신생대로 구분

① 선캄브리아대 : 지각 변동이 잦았던 데다 화석이 매우 적어 수륙 분포 파악 어려움, 최초의 생명체가 바다에서 출현

② 고생대 : 중기에 오존층이 형성되어 자외선 차단이 이루어지면서 육상 생물 출현, 말기에 판게아 형성으로 인해 대규모 생물 대멸종, 양치식물, 양서류 번성

③ 중생대 : 빙하기 없이 전반적으로 온난, 겉씨식물, 파충류 번성

④ 신생대 : 4번의 빙하기와 3번의 간빙기, 속씨식물, 포유류 번성, 신생대 제 4기에 인류의 직계 조상 최초 출현

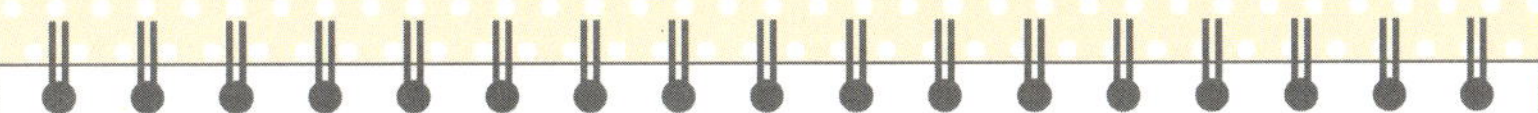 기권의 층상 구조 (오존층 형성 전후 변화)

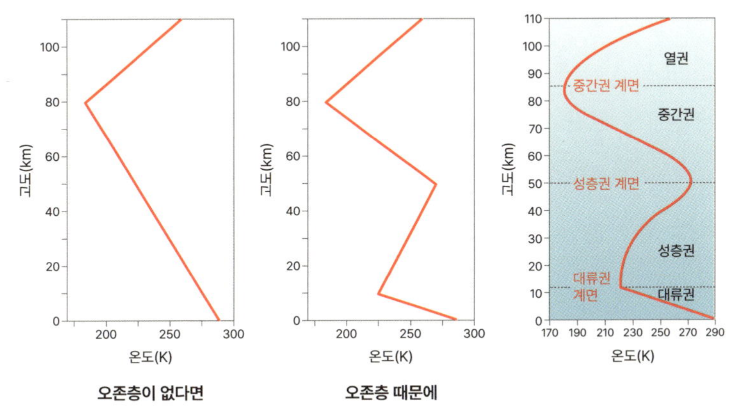

☑ 기권의 층상 구조별 대류, 기상 현상 유무

	대류 현상	기상 현상
대류권	○	○
성층권	X	X
중간권	○	X
열권	X	X

☑ 오존층 형성 과정과 지구 시스템에 미친 영향

남세균(사이아노박테리아) 출현 후 광합성 작용

↓

산소 생성

↓ 자외선

오존 생성

↓

성층권에 축적되어 오존층 형성(고생대 중기)

↓ 자외선 차단

육상 생물 출현

통합과학 불변의 핵심

2025년 7월 25일 초판 1쇄 발행

지은이 남궁원
펴낸이 이원주

편집인 박숙정 **책임편집** 박숙정 **디자인** 전성연 **본문디자인** 박은진
마케팅 양근모, 권금숙, 양봉호 **온라인마케팅** 신하은, 현나래, 최혜빈
디지털콘텐츠 최은정 **해외기획** 우정민, 배혜림, 정혜인
경영지원 김현우, 강신우, 이윤재 **제작** 이진영
펴낸곳 쌤앤파커스 **출판신고** 2006년 9월 25일 제406-2006-000210호
주소 서울시 마포구 월드컵북로 396 누리꿈스퀘어 비즈니스타워 18층
전화 02-6712-9800 **팩스** 02-6712-9810 **이메일** info@smpk.kr

쌤앤파커스(Sam&Parkers)는 독자 여러분의 책에 관한 아이디어와 원고 투고를 설레는 마음으로 기다리고 있습니다.
책으로 엮기를 원하는 아이디어가 있으신 분은 이메일 book@smpk.kr로 간단한 개요와 취지, 연락처 등을 보내주세요.
머뭇거리지 말고 문을 두드리세요. 길이 열립니다.